맛있게 먹는
산나물 들나물

한국과 일본에서 공통으로 먹는 나물 80가지

맛있게 먹는 산나물 들나물
— 한국과 일본에서 공통으로 먹는 나물 80가지

감 수 다카노 아키토
한국어판감수 함승시
옮긴이 최수진
펴낸이 양동현
펴낸곳 도서출판 아카데미북
　　　　출판등록 제13-493호
　　　　주소 136-034, 서울 성북구 동소문로13가길 27번지 아카데미하우스
　　　　전화 02) 927-2345 팩스 02) 927-3199

초판1쇄 발행 2012년 4월 25일
초판2쇄 발행 2015년 5월 30일

ISBN 978-89-5681-137-6 / 13480

OISHIKU TABERU SANSAI YASO - TORIKATA TABEKATA KONO GA WAKARU
Supervised by TAKANO Akihito
Copyright © 2006 SEKAIBUNKA PUBLISHING INC.
All rights reserved.
Originally published in Japan by SEKAIBUNKA PUBLISHING INC., Tokyo.
Korean translation rights arranged with SEKAIBUNKA PUBLISHING INC. JAPAN
through THE SAKAI AGENCY and PLS AGENCY.

www.iacademybook.com

맛있게 먹는
산나물 들나물

한국과 일본에서 공통으로 먹는 나물 80가지

다카노 아키토 · 함승시 監修 | 최수진 번역

아카데미북

차례

제1장 이른봄에 만나는 나물

제2장 봄에 만나는 나물

제3장 여름에 만나는 나물

제4장 가을에 만나는 나물

제5장 약으로서의 산나물 들나물

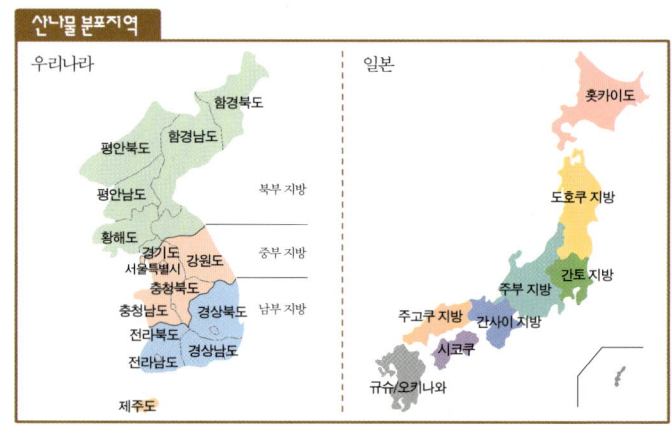

제1장

이른 봄에 만나는 나물

이른 봄,
한 걸음 빨리
계절을 맞이하는
나물

개보리뺑이

분류	국화과
별명	개보리뱅이, 보리뺑풀

땅 표면에 비스듬히 누워 자란 개보리뺑이

국화과의 두해살이풀로, 주로 날씨가 온화한 지역의 논, 밭두렁, 둑에서 자란다. 전라남북도와 제주도에서 주로 자란다고 알려져 있으나 중부지방에서도 발견된다. 일본에서는 매우 흔한 풀로, 봄의 7대 들나물에 속한다. 새순일 때는 식물 전체에 털이 많으나 점차 없어지고, 뿌리에 달린 잎줄기는 여러 개가 뭉쳐나서 사방으로 퍼지는데 아래로 처진다. 잎은 민들레를 닮았으며, 3~5월에 씀바귀꽃을 닮은 노란 꽃이 핀다.

채취 2~3월에 부드러운 순을 채취한다.

밑손질 데쳐서 찬물에 헹군다.

먹는 방법 죽을 만드는 데 넣거나 국건더기 · 깨소금무침을 만들어 먹는다.

달래

분류	백합과	생약명	야산(野蒜)
별명	소산(小蒜), 산산(山蒜)		

볕이 잘 드는 밭이나 들판, 둑 등에 나는 여러해살이풀로, 우리나라와 일본 전역에서 잘 자란다. 전초에서 마늘과 흡사한 냄새와 매운맛을 내지만 마늘보다 작아 소산이라 불린다. 땅속 뿌리는 일년 내내 채취해서 먹을 수 있는데, 잎이 마를 때 줄기 뿌리가 가장 알차고 실하다.

땅속에 있는 비늘줄기는 희고 둥글다. 잎은 늦가을부터 자라기 시작해서 30cm 정도까지 생장한다. 5~6월경에 50cm 전후의 꽃줄기가 벋어 끝에 붉은 빛이 도는 흰색의 작은 꽃이 공 모양으로 핀다.

채취 어린순을 비늘줄기째 채취한다. 양지에서는 2~3월에 채취할 수 있지만, 그 밖의 곳에서는 4~5월경이 적기이다.

밑손질 매운맛을 뺄 필요는 없다. 된장에 넣어 장아찌로 저장할 수 있다.

먹는 방법 이른 봄에 잎과 알뿌리를 캐서 된장이나 고추장에 찍어 먹으면 향기와 맛이 좋다. 전초를 데쳐서 된장이나 초된장에 무쳐 먹기도 한다.

약용 영양가가 높아 식용하면 자양강장 및 식욕증진 효과가 있다.

▲ 혼동하기 쉬운 별꽃나리는 독성이 있으므로 주의한다.

◀ 볕이 잘 드는 밭에 난 달래. 땅속에 둥근 비늘줄기가 있다.

돌미나리

분류	미나리과	생약명	수근(水芹)
별명	마근, 하근, 소엽근		

미나리의 어린순. 이 무렵에 식용으로 채취한다.

    나물 중에서 향기와 씹히는 맛이 좋은 돌미나리는 비타민이 풍부하여 봄철 식단에 어울리는 최고의 식재료로 손꼽힌다. 우리나라 전국 각지의 논두렁·도랑·개천·습지 등에 군락을 이루어 자라며, 일본의 홋카이도에서 규수 지방에 이르기까지 광범위하게 분포한다.

    굵은 땅속줄기의 마디에서 흰 수염뿌리가 자라는 여러해살이풀로, 날씨가 따뜻한 지방에서는 늦가을에 새로 난 잎이 겨울에도 시들지 않기 때문에 겨울 밥상에도 종종 오르는 채소이다. 이른 봄에 채취하는 대표적인 향미 채소로, 볕이 잘 드는 논두렁이나 냇가에서는 2월부터 채취 가능하다.

    미나리는 입맛을 잃었을 때 먹으면 식욕을 되찾게 하는 효과가 크고, 다른 채소와 확실하게 구별되는 독특한 향미가 있어 김치를 담글 때 빠지지 않는 재료이다.

① 향기를 즐기는 미나리무침. 살짝 데치는 것이 중요.
② 미나리 튀김. 튀김의 바삭한 맛을 즐긴다.
③ 미나리의 깨소금무침. 미나리의 향기에 깨소금의 풍미가 더해진다.

비타민이 풍부한 알칼리성 식품이며 철분을 비롯한 무기물이 풍부하므로 겨울 동안 부족해진 비타민을 보충하기에 유용한 나물이다.

잎은 2회 깃꼴겹잎이고 작은 잎은 긴 타원형에 가장자리에 톱니가 있다. 7~8월경 흰 꽃이 산형꽃차례를 이루고 9월경에는 타원형 열매를 맺는다.

채취 1~5월에 어린순과 뿌리를 채취한다. 이때 독미나리(151쪽 참조)와 혼동하지 않으려면 뿌리를 살펴봐야 한다. 미나리는 흰 수염뿌리인 데 비해 독미나리는 뿌리 부분에 죽순의 하부와 비슷한 녹색 마디가 있어서 구별할 수 있다.

밑손질 향기가 사라지지 않도록 살짝만 데치는 것이 중요하다.

먹는 방법 깨소금무침·겨자무침·초무침·조림·국건더기·맑은 장국·달걀국 등에 쓴다.

약용 살짝 데쳐서 무쳐 먹으면 가래를 삭이는 데 도움이 되고 변비를 개선하며 식욕이 증진된다. 6~9월에 뿌리째 뽑아 그늘에서 말려 다진 것을 3줌 정도 봉지에 넣어 입욕제로 쓰면 정유의 작용으로 신경통·류머티즘·어깨 결림이 완화된다.

둥굴레

분류	백합과	생약명	위유(萎蕤)
별명	괴불꽃, 황정, 황지, 소필관엽, 죽네풀, 진황정

둥굴레의 어린순. 아래쪽을 잡고 당기면서 부드러운 부분을 꺾는다.

① 원예 품종인 잎에 무늬가 있는 둥굴레. 독특한 정취가 있어 정원에 많이 심는다.
② 큰둥굴레의 어린순. 생장하면 높이는 1m, 줄기의 직경이 1cm에 달한다. 무침이 맛있다.
③ 둥굴레의 뿌리줄기로 담근 약용주. 자양강장에 좋다고 한다.
④ 명자백합. 둥굴레와 마찬가지로 식용 또는 관상용으로 쓰인다.

　우리나라 전국 각지의 산기슭 나무 그늘에 자생하는 여러해살이풀이다. 일본에서는 홋카이도에서 규슈 지방에 이르기까지 널리 분포하며, 산과 들의 볕이 잘 드는 초원에서 군락을 이루어 자란다.

　굵고 살진 땅속줄기는 옆으로 구불구불 길게 벋고, 끝부분에서 1개의 줄기가 나온다. 줄기에는 6개의 능각(稜角)이 있으며 높이는 40~60cm이고 끝이 활처럼 처진다. 잎은 끝이 뾰족한 타원형이고 어긋나며 나란히 맥이 있다. 5~6월에 흰 종 모양의 꽃이 아름답게 피어 관상용으로 정원에 많이 심는다. 잎에 무늬가 있는 원예종도 재배되고 있다.

　둥굴레 뿌리는 땅속 깊이 박히지 않으므로 흙을 살살 헤집으면 힘들이지 않고

특유의 단맛을 살린
무침으로,
꽃은 식초로 무쳐
상큼하게

몇 끼 정도 먹을 양을 채취할 수 있다. 큰둥굴레, 산둥굴레 모두 식용할 수 있다.

채취 봄에 어린순의 부드러운 부분을 꺾는다. 꽃은 초여름에 딴다. 어린순은 독초인 윤판나물(154쪽 참조)과 비슷하므로 채취 시 주의가 필요하다.

밑손질 쓴맛이 별로 없으므로 어린순과 꽃은 살짝 데쳐 찬물에 담근다. 소금이나 술지게미에 절여 저장할 수 있다.

먹는 방법 어린순은 특유의 단맛이 있고 식감도 좋으므로 자체의 맛을 즐길 수 있는 무침이 좋다. 그밖에 튀김이나 조림도 가능하다. 꽃은 밑손질한 것을 식초로 무치고 뿌리줄기는 날것을 튀김으로 먹는다.

약용 지상부의 잎이 시드는 11월경 뿌리줄기를 채취하여 물에 씻고 가는 뿌리를 떼어낸 뒤 햇볕에 말린 것이 생약인 위유이다. 한방에서는 자양강장제에 속하지만, 현재 일본에서는 별로 쓰이지 않는다. 민간에서는 뿌리줄기를 간 것에 밀가루를 섞어 타박상이나 염좌의 습포에 이용한다.

● **윤판나물과의 구별 방법**

구별 포인트는 뿌리. 둥굴레나 명자백합은 굵은 땅속줄기가 자라지만, 윤판나물의 뿌리는 밑동에서 가늘게 분기되어 있다. 뿌리 주변에 손가락을 찔러 넣어 보면 알 수 있으므로 주의해서 채취한다.

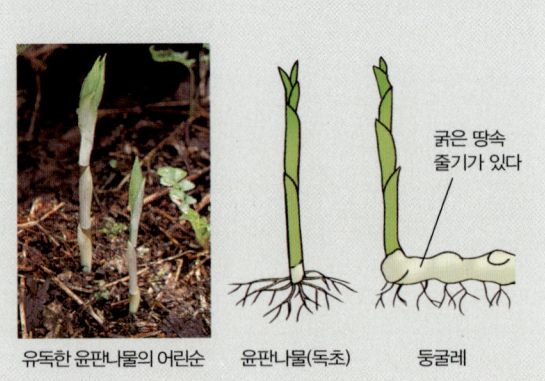

유독한 윤판나물의 어린순　　　　윤판나물(독초)　　　둥굴레

굵은 땅속 줄기가 있다

떡쑥

분류	국화과	생약명	불이초(佛耳草)
별명	괴쑥, 솜쑥, 왜떡쑥		

　우리나라 원산의 두해살이풀로, 한라산과 중부 이북 지역의 양지 바른 산기슭이나 언덕에 자생하며, 일본 홋카이도에서 규수 지방에 이르기까지 분포한다. 키는 30cm 정도로 자라고, 솜털이 난 잎이 어긋나며 봄~초여름에 노란 꽃이 핀다. 옛날부터 떡을 해먹었다고 하여 떡쑥이라 이름지어졌는데, 어린순을 나물로 먹고 전초를 약용한다.

채취 3월에 어린잎과 줄기를 채취한다.

밑손질 데쳐서 찬물에 담가 쓴맛을 우려낸다.

먹는 방법 떡, 나물 무침 외에 날것을 튀겨 먹는다.

약용 개화 시 통째로 채취하여 볕에 말린다. 가래, 기침 등에 1일 10g을 3컵 분량의 물이 반으로 줄 때까지 달여 식간 3회로 나눠 복용한다.

▲ 튀김. 바삭하면서도 부드러운 식감을 즐길 수 있다.

◀ 떡쑥. 예전에는 쑥 대신 떡에 넣어 먹기도 했다.

머위

분류	국화과	생약명	관동화(款冬花-머위꽃봉오리)
별명	머우, 머구, 머귀, 머굿대, 머웃대, 머윗대, 봉두채		

골짜기의 잔설 옆에서 머위꽃이 덩어리로 얼굴을 내밀고 있다. 이른 봄, 잎이 나오기 전에 꽃이 먼저 피어 봄의 전령사 노릇을 한다.

반찬의 재료로 널리 알려져 있는 머위는 국화과의 여러해살이풀로, 우리나라 전역, 산지의 그늘진 습지나 집 근처의 그늘진 빈터, 들판, 강가 등에 군락을 이루어 자라는 매우 친숙한 산나물이다. 특히 연못이나 계곡 등의 습기가 많은 곳에서 부드럽고 질 좋은 머위가 자란다. 예로부터 산사(山寺) 주변에 심어 먹었기에 인적 드문 깊은 산에서 자라는 것을 보고 예전에 절이 있었음을 짐작해 보기도 한다.

식재료로는 2~3월경에 나는 꽃봉오리와 어린 꽃줄기, 봄~여름에 30~40cm의 잎자루가 달린 큰 잎 등을 초봄부터 여름까지 채취할 수 있다. 특히 추운 지방에서는 3~4월에 눈이 녹기를 고대했다는 듯이 얼굴을 내미는 머위의 어린 꽃줄기는 봄을 알리는 전령 노릇을 한다. 그 신선한 향기와 쌉싸래한 맛은 식탁 위의 별

머위 요리 3가지. 머위 꽃줄기의 고추조림. 아삭아삭한 식감으로 머위와 비슷한 맛이 난다. ① 자연의 정취가 느껴지는 소박한 요리. ② 소금에 절여 저장했던 머위를 소금기를 빼고 담백하게 간장으로 조린 것. 간장을 넣고 조린 것. ③ 쌉싸래한 맛이 입가심에 좋고 술안주로도 적합하다.

①

②

③

① 머위의 어린 꽃줄기. 녹색이 감도는 머위가 적색이 감도는 머위보다 쓴맛이 덜하다. 꽃줄기를 먹는다.
② 머위의 어린 꽃줄기의 된장무침. 잘게 썬 다음 된장과 술을 넣고 불에 익힌다. 이때 너무 조리면 향기가 사라지므로
주의한다. 쌉싸래한 맛, 상큼한 향기, 된장의 맛이 입 안에서 뒤섞여 훌륭한 술안주 역할을 한다.
③ 머위의 어린 꽃줄기 튀김. 꽃봉오리를 떼어내고 튀기면 쓴맛이 덜하여 맛이 좋다.
④ 머위의 어린 꽃줄기가 모습을 감추면 잎줄기가 자라 커다란 잎이 달린 머위가 된다.

미로서 식욕을 돋운다. 날것을 된장에 박아 장아찌로 삼거나 또는 조림으로 하면 맛이 좋고, 특히 꽃을 튀긴 것을 일품으로 치는데 초봄에만 만날 수 있다는 아쉬움이 있다.

머위는 날것으로 먹지 않는 것이 좋은데, 그 이유는 머위 자체의 떫은맛이 입맛에 맞지 않기도 하지만, 페타시테닌 및 후키노톡신이라는 발암성 물질이 미량 들어 있기 때문이다. 이 성분은 수용성이고 열에 약하여, 삶아서 물에 담가 우려내는 조리 과정에서 전부 사라지므로 걱정할 필요가 없다. 실제 삶아서 물에 우려낸 머위에 대한 연구에서 오히려 항돌연변이 효과가 인정되었다.

머위는 수분·단백질·지질·당질·섬유소가 함유되어 있고, 무기물과 비타민이 들어 있는데, 특히 비타민 A가 많다.

머위는 건위·진해·거담·해독·해열·이뇨 효과가 있으며, 독충에 물린 상처를 치료하고 식욕 부진이나 피로 회복에 도움이 되며 당뇨병에 약으로 쓴다.

채취 어린 꽃봉오리는 밑부분에서 비틀어 따고 꽃줄기와 잎줄기는 밑동에서 칼로 잘라 낸다.

밑손질 나물로 먹으려면 소금을 조금 넣고 데친 다음 물로 헹궈 쓴맛을 우려낸다. 여름에 수확하는 잎줄기는 데쳐서 말리거나 소금에 절여 보관한다.

먹는 방법 채취하고 나서 가능한 한 빨리 조리해야 쓴맛이 강해지지 않는다. 잘 씻은 다음 된장무침·튀김·조림 등을 만들어 초봄의 향기를 즐긴다. 또한 꽃줄기는 쓴맛을 빼기 위해 살짝 데쳐 조림을 만들 수 있다.

잎줄기는 여름에 채취한다. 데쳐서 껍질을 벗기고 물에 담가 쓴맛을 우려낸 뒤 껍질을 벗겨 무침·조림·술지게미 절임 등으로 만든다.

약용 기침을 그치게 하고 가래를 없애는 효과가 있다. 잎과 꽃봉오리를 채취하여 그늘에서 말린 뒤 1일 10~15g을 3컵 분량의 물이 반으로 줄 때까지 달여 3회 식전에 복용한다.

물냉이

분류	십자화과
별명	크레송

① 강가에 군생하는 물냉이
② 돼지 등심살에 물냉이를 넣어 부친 것
③ 물냉이와 무를 넣은 샐러드

　물냉이[water cress]라는 이름에서 잘 알 수 있듯이 물을 좋아하는 여러해살이 풀이다. 우리나라의 중부 이남 지역과 일본 홋카이도에서 규수 지방의 용수지(湧水池), 시내, 하원 등 깨끗한 물이 흐르는 곳에 군락을 이루어 자란다. 부드러운 줄기는 옆으로 벋으면서 마디에서 하얀 수염뿌리가 나고, 높이 30～40cm까지 자란다. 긴 타원형의 작은 잎이 3~9장 깃꼴겹잎으로 난다. 4~6월경에 흰 꽃(꽃잎은 4장)이 수상꽃차례로 피고 개화 뒤에 길고 가는 꼬투리에 열매를 맺는다.

유럽과 아시아 북부가 원산지로, 일본에는 메이지 시대 초기에 요리에 곁들이는 채소로서 서양에서 들어와 퍼졌다. 비타민과 미네랄 특히 철분 함량이 많은 채소로, 서양에서는 수프와 샐러드로 애용한다.

채취 봄에 주로 채취하지만, 새 잎이 계속해서 나므로 줄기 끝의 부드러운 잎을 따면 봄부터 가을까지 채취할 수 있다.

밑손질 날것으로 먹거나 가볍게 데쳐 먹는다. 소금에 절여 저장할 수 있다.

먹는 방법 날것으로 샐러드에 넣거나 스테이크에 곁들인다. 살짝 데쳐서 찬물에 헹구어 온갖 양념에 무쳐 먹는다. 그 밖에 국건더기 · 조림 · 초무침 · 볶음 등으로 조리한다.

약용 날것으로 먹을 때 느껴지는 매운맛이 위액의 분비를 촉진하여 소화를 돕는다. 또한 치통 · 근육통 등에 줄기와 잎을 날것으로 으깨어 환부에 냉찜질하면 통증이 일시적으로 완화된다.

민들레

분류	국화과	생약명	포공영(蒲公英), 황화지정(黃化地丁)
별명	안질뱅이꽃, 안집뱅이, 문들레, 메민들레		

서양민들레. 유럽이 원산지인 서양민들레가 분포 지역을 넓혀 가고 있다고 하는데, 최근의 연구 결과 실제로는 외래종과 토종과의 잡종이 그 대부분을 차지하고 있음이 밝혀졌다. 토종은 4~5월경에 개화하고, 외래종은 개화 시기가 따로 없다.

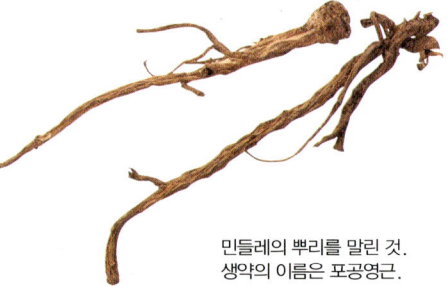

꽃이 핀 뒤 꽃줄기는 아래로 구부러져 열매를 맺는다. 열매가 다 익으면 날아 흩어지기 전에 다시 하늘을 향해 고개를 처들고 둥글고 흰 깃털이 자라나서 흩날린다.

민들레의 뿌리를 말린 것. 생약의 이름은 포공영근.

민들레는 여러해살이풀로, 시가지부터 경작지 주변, 들판, 산기슭에 자생하는 대표적인 들풀이다. 볕이 잘 드는 곳에서는 커다란 군락을 이루는데, 개화기가 되면 노란 꽃이 온 땅을 덮는다. 또한 꽃이 진 뒤에 생기는 둥글고 흰 관모가 바람에 흩날리는 모습은 그 자체로 낭만적인 봄의 풍경이 된다.

최근에는 관상용으로도 재배하며, 봄철 양봉 농가의 귀중한 밀원 자원이 되기도 한다. 예로부터 식용, 약용해 왔다. 잎과 줄기를 꺾으면 단면에서 희고 끈끈한 유액이 나오는데, 식용하는 데 문제가 되지는 않는다.

일본 전역에도 분포하고 있는데 지방마다 종류가 다르다. 간토 지방, 야마나시 · 시즈오카 지방에 분포하는 간토민들레, 나가노현 이북에 분포하는 에조민들레, 와카야마현에서 치바현의 태평양 연안에 분포하는 히로하민들레, 간사이 이서에 분포하는 간사이민들레, 높은 산에서 볼 수 있는 미야마민들레 등이 있다.

총포의 바깥쪽 조각이 아래로 젖혀지는 서양민들레가 재래종을 위협할 만큼 우세해지고 있다고 하지만, 실제로는 재래종과 외래종의 잡종이 많아지고 있음이 밝혀졌으며, 어떤 종류든 같은 용도로 사용할 수 있다.

꽃봉오리 초절임.
국화와 비슷한 쓴맛이 나고 풍미가 산뜻하다.

어린잎의 깨소금무침.
쌉싸래한 맛이 상큼하여 입가심용으로 좋다.
꽃으로 장식했다.

흰 꽃이 피는 토종 민들레. 요즘은 깊은 산골에서나 볼 수 있을 정도로 귀해졌다.

© 여운

채취 3~4월경에 어린잎과 꽃을 딴다. 꽃봉오리일 때는 쓴맛도 강하지 않다.

밑손질 잎은 살짝 데쳐서 찬물에 담가 헹군다. 오래 담가 두면 쓴맛이 빠지지만 특유의 향미도 사라지므로 한두 시간만 담갔다가 건진다.

먹는 방법 잎은 생채 · 깨소금무침 · 호두무침 · 초절임 · 버터볶음으로. 꽃은 살짝 데쳐서 찬물에 헹구어 식초 · 간장 · 정종 · 설탕 등을 넣고 무친다.

약용 꽃이 피기 전의 뿌리를 채취하여 물에 씻어서 말린 것이 생약인 포공영근으로, 쓴맛이 나는 건위약(健胃藥)이다. 소주에 담가 약용주로 만들 수도 있고, 민간 처방으로는 1일 10g을 3컵 분량의 물이 반으로 줄 때까지 달여 식후 3회로 나눠 복용하면 위에 좋다고 한다. 또한 잘게 다져 타기 직전까지 볶은 뒤 커피밀 등으로 빻아 커피와 같이 추출하면 위에 부담이 없는 민들레커피가 된다.

● 서양민들레와 토종민들레의 **구분법**

꽃의 밑동을 싸고 있는 총포(일반적인 꽃의 꽃받침에 상당하는 부분)라 불리는 부분의 바깥쪽 조각 즉 꽃받침이 위로 향하고 있는 것이 토종민들레, 아래로 젖혀져 있는 것이 서양민들레이다. 단 잡종 민들레도 총포의 모양이 그와 같은 경우가 많다.

토종민들레   서양민들레

산파

분류	백합과
별명	실파, 쪽파

가는 원통형 잎이 달린 산파. 비늘줄기와 잎을 먹을 때는 꽃이 피기 전에 채취한다.

염교와 비슷한 비늘줄기를 갖고 있
는 여러해살이풀로, 우리나라의 북부
지방의 높은 산지와, 일본의 홋카이
도·혼슈·시코쿠에 분포하고 있다. 비
늘줄기와 어린순을 식용하는데, 예로
부터 영양가 높은 강장 식품으로 애용
되어 왔다.

초여름에 피는 산파의 꽃

잎은 가는 원통형이고 길이는 약
40cm. 초여름~여름에 꽃줄기가 자라 끝에 붉은 빛
이 강한 자주색 꽃이 산형꽃차례를 이루며 핀다. 한
곳에 군생하고 있어 채취하기 쉽다.

비늘줄기는 된장을 찍어 생식하면
매운맛이 입맛을 돋우는 좋은 술안
주가 된다.

채취 비늘줄기·잎·꽃·꽃봉오리를 식용한다. 비
늘줄기와 잎은 꽃이 피기 전에 맛이 좋으므로 보통
3~4월에 채취한다. 잎을 잡아당기면 끊어져 버리
므로 군생하고 있는 부분의 흙을 깊이 파내어 큰 뿌리줄기가 달린 것을 채취한
뒤 작은 것은 다시 묻어 준다. 꽃과 꽃봉오리는 6~7월에 채취한다.

밑손질 보통 생식하지만, 매운맛이 강한 경우는 살짝 데쳐 밑손질을 한다. 소금
에 절여 저장할 수 있다.

먹는 방법 비늘줄기를 씻고 뿌리를 떼어 낸 뒤 된장에 찍어 먹으면 매운맛과 된
장의 풍미가 어울려 좋은 술안주가 된다. 매운맛이 싫은 사람은 데쳐서 초된장
무침·샐러드·달걀국 등으로 요리하여 먹으면 좋다. 꽃과 꽃봉오리는 날것으
로 튀기거나 데쳐서 초무침을 만든다.

소리쟁이

분류	마디풀과	생약명	양제근(羊蹄根)
별명	소루쟁이, 솔구지, 솔쟁이, 독채		

우리나라 전역에 흔히 분포하는 여러해살이풀로, 길가 · 들판 · 산기슭 등의 습한 곳을 좋아한다. 땅속에 굵고 단단한 뿌리줄기가 있으며 초봄에 긴 잎줄기를 가진 긴 타원형의 근출엽이 나온다. 봄~여름에 키가 1m까지 자라는데, 갈라진 줄기 끝에 담녹색 꽃이 총상꽃차례를 이루며 핀다.

소리쟁이의 어린 잎은 약간의 신맛을 품고 있으며, 시금치와 비슷한 질감을 느낄 수 있다. 찌개나 고깃국에 넣으면 나름대로 일품이며, 굳이 우려낼 필요가 없는 유순한 식물이다.

채취 2~3월에 어린잎을 채취한다. 투명한 점액성 액체로 덮여 있으므로 칼로 잘라낸다.

밑손질 데쳐서 찬물에 헹군다. 오래 두면 색이 누렇게 되므로 데친 즉시 쓴다.

먹는 방법 초된장무침 · 조림 · 국건더기 등에 쓴다.

약용 10월경에 뿌리를 캐내어 물에 씻어 햇볕에 말린 것이 생약인 양제근이다. 변비에 1일 10g을 3컵 분량의 물이 반으로 줄 때까지 달여 식간에 3회로 나눠 복용한다. 뿌리를 날것 그대로 간 것은 백선과 음부 · 사타구니에 생기는 붉은 습진 등에 유효하다. 환부에 도포한다.

▲ 식용으로는 잎이 퍼지기 전의 어린잎을 채취한다.
◀ 참소리쟁이는 수맥을 따라 군생하는 경우가 많기 때문에 지하수위(地下水位)를 알 수 있는 지표 식물 중 하나이다.

쇠뜨기

분류	속새과	생약명	문형(問荊)
별명	쇠띠기, 뱀밥, 토필, 필두채, 즌솔

① 뱀밥. 쇠뜨기의 홑씨줄기로, 잎이 없고 연하다. 식용으로는 포자낭이 열리기 전의 어린 것이 좋다.
② 쇠뜨기. 사료로 쓰고, 약용할 수 있다.
③ 뱀밥이 질 무렵에 돋아나는 쇠뜨기의 어린순

뱀밥 볶음. 단단한 껍질을 떼어내고 조리
한다.

독특한 생김새가 이른 봄 들판을 장식하는 들
나물이다.

우리나라 전역의 들판과 둑, 밭가, 길가 숲
에서 지천으로 자라는데, 특히 양지바르고
메마른 경사진 땅에서 흔히 볼 수 있고, 심지
어는 해발 1,000m의 높은 산지에서도 쉽게 찾아
볼 수 있다. 도시 주변부터 황무지에 이르기까
지 군생하는 번식력이 강한 여러해살이풀이다.

뿌리줄기가 길게 벋어나가 이른 봄에 뱀밥과
쇠뜨기가 싹튼다. 뱀밥은 포자를 만드는 홀씨줄기, 쇠뜨기는 잎의 역할을 하는 영
양줄기로, 하나의 땅속줄기에서 따로따로 나온다.

3~4월에 나오는 뱀밥은 담갈색에 높이는 10~20cm이고 단단한 껍질이 마디를
덮고 있다. 끝부분에는 뱀의 머리처럼 생긴 포자낭이 있어 포자를 방출한다. 뱀밥
에 이어 나오는 쇠뜨기는 녹색이고 높이는 40cm 정도까지 자라며 마디에 작은 가
지가 돌려 난다.

채취 3월경에 어린 뱀밥을, 4월경에 쇠뜨기의 싹을 채취한다.

밑손질 뱀밥은 단단한 껍질을 제거한다. 덜 여문 포자낭은 떼어내지 않아도 된
다. 데쳐서 물에 헹군다.

먹는 방법 조림·초절임, 무침·국 등. 쓴맛이 없어 무난하게 먹을 수 있다. 쇠
뜨기는 어린 것을 채취하여 데쳐서 물에 헹궈 어패류나 채소 등을 넣고 조린다.

약용 4월경에 쇠뜨기의 땅속줄기 부분을 채취하여 말린 것이 생약인 문형으로,
이뇨 효과가 있다. 1일 10g을 3컵 분량의 물이 반으로 줄 때까지 달여 3회로 나
눠 복용한다.

쇠별꽃

분류	석죽과
별명	계아장, 우번루, 콩버무리

한여름에도 잎과 줄기가 부드러워 별꽃 등과 함께 작은 새들의 모이로 쓰였으나, 영양성분이 우수하다는 사실이 밝혀지면서 나물로도 이용되기 시작했다.

우리나라와 일본 전역에 흔하게 분포하는 두해살이풀로, 별꽃보다 잎이 크고 높이는 20~50cm이다. 잎은 뾰족한 달걀 모양이고 마주나며, 초봄에 흰 별 모양의 작은 꽃(꽃잎은 5장)이 핀다.

별꽃과 마찬가지로 식용할 수 있다. 별꽃은 이른 봄부터 초겨울에 이르기까지 거의 1년 내내 접할 수 있는 친숙한 식물이다.

채취 3~4월에 지상부를 채취한다.

밑손질 살짝 데쳐서 물에 헹군다.

먹는 방법 무침·조림 등으로 조리해 먹는다. 물에 된장을 넣고 어린 잎줄기와 무를 넣고 끓여 국으로 먹는다. 어린순을 나물로 하거나 국에 넣어 먹는다.

① 비옥한 토양에서 무성하게 자란 쇠별꽃
② 시가지의 빈터, 밭 등에서 쉽게 채취할 수 있는 쇠별꽃

수영

분류	마디풀과	생약명	산모근(酸模根)
별명	괴승애, 시금초, 괴싱아, 산시금치, 산모		

① 얼핏 보면 잎이 시금치와 비슷하고, 소리쟁이를 닮기도 했다.
② 밭두렁에 난 수영. 꽃은 처음에는 연한 녹색을 띠다가 점차 붉어진다.

　우리나라와 일본의 전역, 볕이 잘 드는 들판이나 밭두렁에서 자라는 여러해살이풀로, 특유의 미끌거리는 질감과 새콤한 맛으로 시골 아이들의 간식거리였다.

　땅속줄기에서 가늘고 긴 화살촉 모양의 근출엽이 나온다. 봄~초여름에 40~80cm의 줄기가 자라 연한 녹색의 작은 꽃이 무리지어 핀다.

채취 3~4월에 어린순과 어린 줄기를 채취한다.

밑손질 데쳐서 찬물에 헹군다. 신맛의 성분은 수산과 수산칼슘이므로 생식은 많이 하지 않는 편이 좋다. 데쳐서 말려 저장할 수도 있다.

먹는 방법 시큼한 맛과 점성이 있는 식감을 살린다. 마요네즈무침·초된장무침·조림 등으로 먹는다.

약용 9월에 뿌리줄기를 채취하여 햇볕에 말린 것이 생약인 산모근이다. 변비에 1일 15g을 3컵 분량의 물이 반으로 줄 때까지 달여 식간 3회로 나눠 복용한다.

쑥

분류	국화과	**생약명**	애엽(艾葉)
별명	약쑥, 참쑥, 사재발쑥, 사제발쑥, 모기태쑥		

① 목련의 잎을 접시 삼아 쑥떡을 담았다. 콩가루를 뿌려 먹으면 더욱 맛있다.
② 쑥의 어린순. 들판·제방·하원 등에 군생하고 있으므로 쉽게 많은 양을 채취할 수 있다.
③ 쑥 튀김. 소금을 찍어 먹으면 쑥의 맛이 두드러진다.

우리 역사가 시작될 때부터 쑥은 맛있는 나물로, 약초로, 미용 재료로 이용되어 왔다. 이른 봄에 먹는 쑥국·쑥떡의 향기는 고향을 저절로 떠올리게 할 만큼 일상생활에서 유용하게 쓰인다.

쑥은 우리나라 전역의 산과 들, 길가나 논밭두렁, 빈집터 등 어디서나 잘 자라며, 일본의 혼슈·시코쿠·규수에 분포한다.

땅속줄기를 길게 벋어 번식한다. 2~3월경에 희고 가는 털로 덮인 근출엽(根出葉)이 모습을 나타낸다. 봄에는 높이 1~1.5m에 달하는 줄기가 자라고 잎의 뒷면에 흰털이 빽빽이 나 있다. 여름~가을에 줄기의 상부에 담갈색 꽃이 핀다.

채취 2~3월에 어린순을, 6월경까지는 줄기 끝의 부드러운 잎을 채취한다.

밑손질 잎을 데쳐서 물에 충분히 헹군다. 양이 많을 때는 밑손질한 것을 냉동 보관한다.

먹는 방법 독특한 향미를 즐길 수 있다. 밑손질한 어린잎을 깨소금 또는 된장에 무치거나 잘게 썰어 넣어 쑥떡을 만든다. 어린순과 줄기 끝의 잎은 튀겨 먹어도 좋다.

약용 6~8월에 잎을 채취하여 그늘에서 말린 것이 애엽이다. 이것을 절구로 잘게 빻은 뒤 체에 걸러 잎살을 분리하고 잎 뒷면의 흰 털만 남긴 것이 뜸에 쓰는 뜸쑥이다.

또한 8~9월에 줄기와 잎을 베어 3~4cm로 자른 뒤 그늘에서 말린 다음 봉지에 넣어 입욕제로 사용한다. 땀띠, 어깨 결림·요통·신경통의 통증을 완화시켜 주고 냉증에도 효과가 있다.

쑥을 듬뿍 넣어 만든 쑥떡은 봄소식을 전하는 향긋한 먹거리

원추리

분류	백합과	생약명	훤초근(萱草根)
별명	넘나물, 금침채, 훤초, 요수화, 득남초		

① 원추리의 어린순. 햇볕이 잘 드는 곳에서는 2월 경부터 채취가 가능하다. 최근에는 도시의 식품매장에서도 볼 수 있을 만큼 친숙한 산나물이 되었다.
② 원추리의 꽃
③ 왕원추리의 꽃은 겹꽃이다. 원추리 종류의 꽃은 모두 아침에 피었다 저녁에 지지만, 계속해서 피어 눈을 즐겁게 한다.

어린순 요리는 담백하고 단맛이 난다. 꽃봉오리는 해열제, 잎과 뿌리는 이뇨제로.

봄에 먹는 나물로 잘 알려져 있는 원추리는 옛부터 관상용·식용·약용·밀원용으로 널리 이용되어 왔다. 백합과의 여러해살이풀로, 아시아 동부의 난대에서 온대까지 10여 종이 자생하고 있다. 우리나라 전역에서 자라며, 일본에서도 훗카이도에서 규수 지방에 이르기까지 널리 분포하고 있다. 습도가 높으면서 토양이 비옥한 산기슭과 들판에서 잘 자란다. 정원에 몇 포기만 옮겨 심으면 뿌리로 벌어나가는 번식력이 우수하여 금세 퍼진다.

이른 봄에 사람 인(人)자를 거꾸로 세운 듯한 독특한 모양의 싹이 나온다. 잎은 담녹색으로 가늘고, 길이 약 50~70cm의 꽃줄기가 나와 그 끝에 적황색의 백합 같은 꽃이 핀다.

이용 범위가 넓어서 초봄에는 어린 싹, 초여름에는 어린 꽃망울과 꽃대 그리고 한여름에는 꽃을 나물로 이용한다. 주황색 겹꽃이 피는 왕원추리와 노란색 홑겹꽃이 피는 홑왕원추리를 식용하는데, 어린순에는 점액 성분이 있으며, 진딧물이 붙어 있는 경우가 많으므로 주의해야 한다. 채취 시기는 꽃봉오리는 6~7월, 뿌리는 여름과 가을이다.

원추리 꽃의 단촛물무침. 아삭아삭한 식감이 매력적이다.

7~8월에 꽃줄기가 자라 끝부분에 주황색 꽃이 피는데, 꽃은 아침에 피고 저녁에 진다. 홑왕원추리는 전체적으로 좀 작고 꽃잎이 6개인 주황색 홑꽃이 피는데, 꽃이 아름다워 관상용으로 많이 심는다.

채취 군생하고 있어 찾기 쉽기 때문에 한 번에 많은 양을 수확할 수

36

있다. 어린순은 3~5월이 채
취 적기이다. 좌우 2열로 늘
어서듯이 잎이 나와 있고 줄
기가 굵은 것을 고른 뒤 밑
동의 흙을 좀 파내고 줄기의
흰 부분을 칼로 잘라 낸다.
여름에는 꽃과 꽃봉오리를
채취한다.

왕원추리의 어린순 튀김. 바삭하면서도 부드러운 식감을 즐길 수 있
다.

밑손질 꽃과 꽃봉오리는 살
짝 데치고 어린순은 물에 가볍게 씻는다.

먹는 방법 어린순은 된장무침 · 겨자무침 · 조림 · 볶음 · 튀김 · 달걀국 · 국건더기
등으로 이용한다. 약간 점액성이고 단맛이 난다. 꽃과 꽃봉오리는 끓는 물에 살
짝 담갔다가 초간장무침 · 마요네즈무침 · 튀김 등을 만든다.

약용 여름에 꽃봉오리를 채취하여 끓는 물에 2~3분 데쳐서 햇볕에 말린 것이
생약인 금침채이다. 주로 해열제로 쓰이는데, 1일 15g을 3컵 분량의 물이 반으
로 줄 때까지 달여 식간에 3회로 나눠 복용한다.

9월에는 뿌리째 뽑아 잎과 뿌리를 분리한 뒤 물에 씻어 햇볕에 말린다. 불면증,
몸이 부을 때 뿌리의 경우는 1일 10g, 잎의 경우는 20g을 3컵 분량의 물이 반으
로 줄 때까지 달여 식간 3회로 나눠 복용한다.

나물하기에 알맞은 원추리 어린순

큰원추리

분류	훤초근(萱草根)
별명	원추리, 대화훤초, 넘나물

① 큰원추리는 여름에 아름다운 꽃을 피워 고원을 장식한다.
② 꽃봉오리의 초된장 무침
③ 꽃은 일일화지만, 계속해서 피기 때문에 장기간 즐길 수 있다.

큰원추리는 우리나라 전역의 높은 산기슭 풀숲에 자생한다. 일본에서는 혼슈 중부 이북부터 도호쿠 지방의 해발 1,000m 이상의 고산 지대에 자생한다. 일본 닛코의 키리후리 고원, 오제 등이 군락지로 이름나 있다.

땅속의 뿌리는 붉은 빛이 도는 갈색에 군데군데 둥글게 살진 덩이뿌리이다. 눈이 녹고 봄이 찾아올 무렵 선명한 녹색 잎이 좌우 2열의 부채꼴로 달린 어린순이 나온다. 초여름~여름에 꽃줄기가 40~70cm 정도 자라면 줄기 끝에 등황색의 아름다운 꽃(꽃잎은 6장)이 계속해서 핀다. 짧고 큰 포 안에 한 포 안에 여러 개의 꽃송이가 있어서 한 송이가 지면 다른 송이가 피고 또 피어나 꽤 오랫동안 눈이 즐겁다.

원추리와 마찬가지로 어린순과 꽃봉오리는 식용할 수 있지만, 꽃봉오리를 적은 양만 채취하는 정도로 만족하는 것이 좋다. 물론 국립공원 등에서의 채취는 엄하게 금지되고 있다.

원추리는 야생종 간에도 변이가 많고, 야외에서 잡종이 되기도 하여 종의 분리가 다양하다. 주요 품종으로는 각시원추리 · 골잎원추리 · 노랑원추리 · 애기원추리·왕원추리가 있다.

채취 봄에는 한 뼘 가량 자란 어린
순을 채취하고, 여름에는 꽃봉오리
를 채취한다.

밑손질 끓는 물에 살짝 데쳐서 물에 행군
다.

먹는 방법 어린순은 약간 단맛이 난다. 고추장무침·간장무침·마요네즈무침·
겨자무침·조림으로 요리한다. 꽃봉오리는 끓는 물에 식초를 넣고 살짝 데쳐서
초무침이나 샐러드로 먹는다.

●채취 방법

싹이 난 지 얼마 안 된 10cm 정도 크기의 굵고 튼
튼한 것이 맛있는 어린순이다. 밑동의 흙을 좀 파
내고 줄기의 흰 부분을 칼로 잘라 낸다.
왕원추리와 홑왕원추리는 모양이 비슷하여 판별하
기 어려운데, 같은 시기에 어린순을 채취해도 된
다. 맛도 비슷하므로 동일하게 요리할 수 있다.

흙 속의 흰 줄기 부분을
칼로 잘라 내어 채취한다.

파드득나물

분류	미나리과
별명	반디나물

재배되는 파드득나물은 연중 채소 가게에 진열될 만큼 흔하다. 야생의 것은 향이 강하며 진정 · 식욕증진 작용을 한다.

우리나라의 전국 각지와 일본 홋카이도~규슈의 평지에서 고산까지 자생하는 여러해살이풀로, 특히 습기가 있는 들판 · 골짜기 · 강가 등지에서 군락을 이루어 자란다.

잎은 3개의 작은 잎으로 이루어져 있고 높이는 30~50cm. 여름에 꽃줄기가 자라 5개의 꽃잎이 달린 작고 흰 꽃이 핀 뒤에 타원형 열매를 맺는다. 여름에 전초를 채취하여 그늘에서 말려 갑상선종 등에 약재로 쓴다.

채취 어린순과 꽃봉오리를 먹는다. 자연 보호의 목적에서 뿌리는 남기고 채취한다.

밑손질 살짝 데치는 것으로 충분하다. 소금이나 된장에 절여 저장할 수 있다.

먹는 방법 마요네즈, 깨소금 등에 무치거나 조림 · 국건더기 · 맑은 장국 · 달걀국 등에 폭넓게 이용할 수 있다. 잎이나 꽃봉오리를 날것으로 튀길 수도 있다.

약용 9월경 열매가 달린 것을 채취하여 그늘에서 말린다. 감기 초기에는 1일 15g을 3컵 분량의 물이 반으로 줄 때까지 달여 찌꺼기를 걸러낸 뒤 취침 전에 복용한다. 식욕증진을 위해서는 무쳐 먹는 것이 좋다. 종기에는 잎을 잘게 빻아 환부에 붙이면 소염 효과가 있다.

특유의 향이 있는 파드득나물의 어린잎

들에 있는 약

산과 들은 유용한 약의 보물창고이다. 여기서는 주변에서 쉽게 찾을 수 있는 약초를 몇 가지 소개한다. 식용할 수 있는 들나물과 함께 기억해 두면 야산을 걷는 즐거움이 한층 더해질 것이다.

노랑하눌타리

박과의 여러해살이 덩굴식물로 여름에 꽃이 피고 가을에 노란 열매를 맺는다. 씨앗을 볕에 말려 1일 10g을 3컵 분량의 물이 반으로 줄 때까지 달여 식간 3회로 나눠 복용하면 기침·가래에 유효하다. 뿌리는 한방에서 해열제·지사제로 쓰인다.

돌외

박과의 여러해살이 덩굴 식물. '덩굴차'라고도 한다. 우리나라 남부 지방의 산기슭에서 자란다. 8~9월에 줄기와 잎을 채취하여 볕에 말린 것을 강장용으로 1일 15g을 3컵 분량의 물이 반으로 줄 때까지 달여 차 대신 마신다.

부처꽃

부처꽃과에 속하는 여러해살이풀로서 연못가 등 습지에서 무리 지어 피어나는 여름꽃이다. 백중날 부처님께 이 꽃을 바친 데서 이름이 유래한다. 개화기에 지상부를 잘라내어 물에 씻어 햇볕에 말린다. 설사에 1일 20g을 1컵 분량의 물이 반으로 줄 때까지 달여 식간에 1회 복용한다.

이질풀

'노관초'라고도 한다. 들판이나 길가에서 자라는 쥐손이풀과의 여러해살이풀. 7~9월에 지상부를 채취하여 볕에 말린 것을 약용으로 쓴다. 1일 15g을 3컵 분량의 물이 반으로 줄 때까지 달여 식후 3회로 나눠 복용하면 설사에 유효하다.

피막이풀

미나리과의 상록성 여러해살이풀이다. 잎은 결각이 있는 원형으로 폭은 1~1.5cm이고 광택이 있다. 지면을 덮듯이 비스듬히 자란다. 베인 상처 등을 지혈할 때 잎을 비벼 붙이면 좋다.

제2장
봄에 만나는 나물

봄기운을
만끽할 수 있는
나물

갈퀴나물/살갈퀴나물

분류	콩과
별명	갈키나물, 말굴레풀 / 살말굴레풀

① 볕이 잘 드는 둑이나 초원 등에 자생하는 살갈
퀴. 식용으로는 어린 순과 잎을 채취한다.
② 갈퀴나물의 어린순
③ 갈퀴나물의 꼬투리 열매

우리나라 원산으로 산과 들의 습기 있는 풀밭이나 관목림에서 자라는 두해살이풀로, 일본·중국·러시아·몽골 등지에 분포한다.

줄기 밑부분에서 가지를 치며 옆으로 자라고, 10~14개의 작은 잎이 짝수 깃꼴겹잎으로 어긋나며 끝부분은 덩굴손으로 되어 있다. 봄~초여름에 잎겨드랑이에 자홍색 꽃이 핀 뒤 약 4cm 길이의 꼬투리가 달린다.

살갈퀴나물 볶음

봄에 어린순을 나물로 이용하며, 7~9월에 전초를 채취하여 햇볕에 말린 것을 풍습동통(風濕疼痛)·관절통·종독(腫毒) 등에 사용하는데, 탕으로 복용하거나 가루를 아픈 부위에 개어 붙이기도 한다.

갈퀴나물은 산과 들에서 흔하게 볼 수 있는데, 가는갈퀴·가는등갈퀴·등갈퀴나물·큰등갈퀴나물 등이 있다. 최근에는 산야초 효소 재료로 많이 이용되고 있다.

채취 4월경에 어린순을 채취한다.

밑손질 데쳐서 물에 헹군다.

먹는 방법 무침 또는 날것은 튀김으로.

약용 봄에 지상부를 채취하여 볕에 말린 것을 체했을 때 1일 5g을 1컵 분량의 물이 반으로 줄 때까지 달여 복용한다.

개다래

분류	다래나무과	생약명	목천료(木天蓼)
별명	말다래나무, 쥐다래나무		

① 개다래의 어린잎. 이 무렵이 산나물로 이용하기에 적기이다.
② 개다래는 초여름에 흰 꽃이 고개를 숙이고 핀다.
③ 개다래의 어린 열매. 소금에 절이기도 하고 벌꿀에 담가 약주로 마시기도 한다.
④ 개화 시기가 되면 잎의 전면 또는 일부가 하얗게 변하는 재미있는 성질이 있다.
⑤ 개다래의 어린잎 튀김
⑥ 개다래의 어린잎 무침. 상큼하고 쌉싸래한 맛이 난다.

여행에 지친 홍법 대사가 이 열매를 먹고 원기를 회복했다는 이야기가 전해질 만큼 열매에 강장 효과가 있다는 믿음이 민간에서 이어져 왔지만, 의학적으로 그 효과는 확인되지 않았다. 그러나 혈행을 좋게 하고 냉증과 류머티즘에 효과가

열매를 먹으면
원기가 회복된다는
산에서 나는
민간약이다

46

있다고 하여 열매로 개다래주를 담가
애음하는 사람이 많다.

우리나라의 충북을 제외한 전
국에 분포하며, 일본에는 홋카이
도·혼슈·시코쿠·규슈에 널리
분포하고 있다. 산지 등에 흔히 자생
하는 덩굴성 낙엽수로, 분지한 덩굴이
주위의 나무 등을 휘감으며 자란다.

⑤

눈이 많은 도호쿠 지방에서는 5월경 솜털이 난 잎이 어긋난다. 6～7월의 개화
기가 되면 가지의 상부에 달린 잎의 일부 또는 전면이 희게 변색하기 때문에 멀리
서도 구별할 수 있다. 꽃잎이 5개인 흰 꽃은 고개를 숙이고 핀다. 열매는 길이가
2～3cm이고 가을에 노랗게 익으면 생식할 수 있다.

채취 봄에는 어린순과 어린 덩굴, 가을에는 익은 열매를 채취한다.

밑손질 어린잎과 덩굴은 소금물에 데쳐 물에 헹군다.

먹는 방법 어린잎과 덩굴은 무침과 볶음으로. 여물기 전의 열매를 채취하여 소
금, 설탕, 벌꿀 등에 절인 것은 술안주로 삼는다. 가을에 다 익은 열매는 달콤하
여 생식할 수 있다.

⑥

약용 10월경 벌레혹이 있는 열매를 채취하여 끓
는 물에 담가 살균하고 볕에 말린 것이 생약
인 목천료이다. 목천료 200g을 알콜 35
도의 소주 1.8리터에 반 년 간 담근 것
을 매일 밤 취침 전에 1컵씩 마시면 냉
증·신경통·류머티즘 등이 개선된다.
또한 줄기와 잎을 볕에 말려 잘게 썬 것을
2～3줌 면포에 넣어 입욕제로 사용하면 신
경통이 완화된다.

거지덩굴

분류	포도과
별명	오렴매, 오룡초, 풀덩굴

거지덩굴의 어린순. 독특한 매운맛이 난다.

고산 이외의 곳이라면 장소를 가리지 않고 생장하여 주위 식물을 황폐화시키는 덩굴성 여러해살이풀이다. 생육력이 왕성한 잡초로, 땅속줄기가 길게 옆으로 벋어 나가므로 정원에서 발견하면 어린순일 때 뽑아 내는 것이 좋다.

우리나라가 원산지인 거지덩굴은 우리나라와 일본 전역에 분포하는데, 산지부터 인가 근처 빈터에 이르기까지 흔하게 자생한다. 줄기에는 능선이 있고 잎은 5장의 작은 잎으로 이루어진 손바닥 모양의 겹잎이다. 7~8월경에 작은 연녹색 꽃이 취산꽃차례로 핀다.

채취 봄~가을에 계속해서 나오는 어린순과 어린잎, 덩굴 끝의 부드러운 부분을 채취한다.

밑손질 물이 진한 녹갈색이 될 때까지 충분히 데친 다음 하룻밤 물에 담가 쓴맛을 뺀다.

먹는 방법 초된장무침 · 초무침 · 겨자무침 · 조림 · 맑은 장국 등으로.

약용 민간에서 뿌리를 진통제 · 이뇨제 등으로 쓴다.

고비

분류	고비과
별명	고비나물, 미, 미채

▲ 마당에서 고비를 말리고 있는 모습. 수분이 빠질수록 붉게 변한다.
▶ 고비의 잎은 청량감이 있어 정원을 꾸미는 데도 쓰인다.

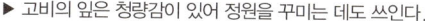

최근 들어 데친 고비가 슈퍼마켓에 진열되고 있을 만큼 가장 대중적인 산나물 중 하나가 되었다.

고비는 평안도와 함경도를 제외한 우리나라 전역의 습한 들판이나 야산에 군생하며, 일본의 홋카이도·혼슈·시코쿠·규슈에 분포하고 있다. 봄이 되어 산골 마을에 찾아가면 민가의 마당에서 고비를 말리고 있는 광경을 흔히 접할 수 있다.

고비는 뿌리줄기를 심는 번식력 왕성한 여러해살이풀이다. 평지부터 고산의 습한 들판·둑·벼랑 등에 군락을 만들지만, 최근에는 무분별한 채취 탓인지 도호쿠 지방의 산지에서도 큰 군락은 깊은 산 속에서만 볼 수 있게 되었다.

뿌리줄기에서 나오는 잎은 식용하는 잎과 포자엽이 있으며 봄이 되면 갈색 솜털이 나 있는 싹이 튼다. 지방에 따라 줄기가 푸르스름한 것을 청고비, 갈색에 가까운 것을 홍고비로 부르며 구별한다. 청고비가 더 맛이 좋다고 한다.

둑에 난 고비. 줄기 부분이 푸르스름한 것이 청고비. 홍고비보다 맛이 좋다.

채취 4월경이 적기지만, 눈이 많은 곳에서는 7월경까지 채취

잎이 둥글게 말려 있는 고비의 어린순

① 간장 · 술 · 설탕으로 삼삼하게 맛을 낸 조림. 혀에 닿는 순간 녹아들 것처럼 부드럽다.
② 완전히 말린 고비. 밀봉해 두면 장기간 저장할 수 있다.
③ 고비 된장국

가능하다. 줄기 끝이 말린 어린순을 아래쪽에서 당겨 부드러운 부분을 꺾는다. 줄기 부분을 식용한다.

밑손질 쓴맛이 강하므로 나뭇재나 중조를 사용하여 쓴맛을 뺀다. 나뭇재를 사용하는 편이 더욱 맛이 좋다. 쓴맛을 뺀 것은 말리거나 소금에 절여 저장할 수 있다(말리는 방법은 52쪽 참조).

먹는 방법 날것의 쓴맛을 뺀 것은 조림 · 두부무침 · 호두무침 · 국건더기로 폭넓게 이용할 수 있다. 독특한 식감과 담백한 풍미가 있다. 굵고 부드러운 것일수록 상품이다.

말린 것은 물에 불려 불에 올린 다음 끓기 직전에 삶은 물을 버린다. 이것을 3회 반복하는데, 3회째에 물이 뜨거워졌을 때 불에서 내려 하루 방치하면 다시 부드러워진다.

약용 7~8월에 지상부를 채취하여 볕에 말린다. 이뇨 · 빈혈에 잘게 썬 것 10g을 3컵 분량의 물이 반으로 줄 때까지 달여 복용한다.

조림으로
담백한 풍미와
독특한 식감을
즐길 수 있다

● 고비의 쓴맛 빼기 · 볕에 말리기

1 고비의 솜털을 제거한다. 줄기의 아래쪽에서부터 벗겨낸다.

고비는 산나물 중에서도 특히 쓴맛이 강한 종류에 속하기 때문에 대부분의 경우 쓴맛을 뺀 뒤 볕에 말려 저장한 것을 필요할 때마다 불려서 조리해 먹는데, 그렇게 하는 편이 훨씬 맛도 좋다. 볕에 말릴 때는 데치자마자 바로 말려야 하므로 날씨가 좋은 날을 골라서 작업한다.

2 데치는 용기의 크기에 맞춰 다발을 만들고 끈으로 묶는다.

3 고비 다발을 다루기 쉽도록 끈에 로프를 연결한다. 가마솥의 물이 충분히 끓었을 때 천천히 넣는다.

4 잠시 뒤 거품이 부글부글 올라오면 로프 끝을 잡고 고비 다발을 뒤집는다.

5 다시 한번 거품이 올라오면 물기를 빼는 소쿠리 등에 건져 올린 뒤 섞는다. 뜨거울 때 잘 섞는 것이 부드럽게 데치는 요령.

6 볕이 잘 드는 곳에 돗자리를 깔고 데친 고비를 고르게 펼쳐 놓는다.

7 마르기 시작한 상태. 햇볕을 충분히 받으면 펼쳐 놓은 지 1~2시간 만에 붉은 빛을 띠기 시작한다.

8 붉은 빛을 띠기 시작하면 꺾이지 않도록 주의하면서 손으로 부드럽게 비빈다.

9 마를수록 탄력성이 있고 부드러워진다. 계속해서 손으로 비벼 준다.

10 날씨가 좋으면 이틀 정도면 다 마른다. 사진은 거의 다 마른 상태의 고비.

청고비

분류	고비과
별명	고배기, 고비

① 줄기에 갈색 비늘조각이 있다.
② 데쳐서 말린 청고비
③ 말린 청고비 조림. 선명한 자주색
이 식욕을 자극한다.

청고비의 어린순

줄기에 갈색 비늘조각이 빽빽하게 나 있어 불그스름하게 보인다. 높은 산지의
습한 들판이나 숲속에 난다. 봄에 새순이 나오고 잎줄기가 30~40cm 자라면 그
끝에 작은 잎이 여러 개 모여 있는 삼각형 잎이 달린다.

채취 4~6월. 작은 잎이 벌어지지 않은 어린순을 채취한다.

밑손질 쓴맛이 없으므로 데쳐서 볕에 말리거나 소금에 절여 저장한다.

먹는 방법 무침·달걀국·볶음·조림으로 먹는다. 기름기가 많아 풍미가 있다.

고사리

분류	고사리과
별명	권두채, 거채, 궐채, 산풍미, 용두채, 첨궐

우리에게 매우 친숙한 나물로 미끈미끈한 질감과 고소한 맛은 나물 중에서도 최고로 꼽힌다. 우리나라 전역의 고원·낮은산·들판의 햇볕이 잘 드는 기름진 땅에 군락을 이루어 자란다. 일본·중국·시베리아 등 북반구의 온대에서 아한대에 걸쳐 널리 분포하고 있다.

고사리에는 피를 맑게 하고 머리를 깨끗하게 해 주는 칼슘·칼륨 등의 무기물 성분도 풍부하여 공해로 인한 현대 문명병에 좋은 효과를 얻을 수 있다.

채취 4월경부터 북쪽 지방의 경우는 6월경까지 줄기 끝이 주먹 모양으로 둥근 어린순을 채취한다.

밑손질 채취한 것을 바로 먹을 때는 데쳐서 물에 헹구기만 하면 되지만, 보통은 쓴맛이 강하기 때문에 나뭇재나 탄산수소나트륨을 사용하여 쓴맛을 뺀다. 이때 쓴맛을 완전히 없애면 특유의 향이 사라지므로 적당히 조절한다. 채취한 양이 많을 때는 소금에 절이거나 볕에 말려 저장한다.

① 눈의 무게에 짓눌린 억새 밑에서 재빨리 싹을 틔운 고사리. 양분과 햇빛이 좋아서인지 줄기가 굵고 탄력이 있다.
⑤ 고사리·고등어·가다랭이포를 넣고 조린 것. 고사리 특유의 점성과, 고등어와 가다랭이포의 감칠맛이 조화를 이룬다.

먹는 방법 무쳐 먹으면 고사리 특유의 점성과 풍미를 즐길 수 있다. 두부, 호두, 겨자, 마요네즈 등을 넣고 무쳐도 맛이 좋다. 또한 조림·국건더기로도 소박한 풍미와 독특한 식감을 맛볼 수 있다. 이밖에 뿌리에서는 전분을 얻을 수 있다. 이것을 재료로 만든 것이 정통 고사리떡인데, 요즘 시판되고 있는 고사리떡의 대부분은 밀가루로 만들어지고 있는 것 같다.

풍미를
해치지 않는 선에서
쓴맛을 빼는 것이
산나물을 맛있게
먹는 노하우

① 햇볕에 말린 고사리
② 소박한 풍미의 고사리 된장국
③ 고사리를 조려 생강과 무친 것. 고사리 본래의 점성과 풍미를 맛볼 수 있다.
④ 말린 고사리의 조림
⑤ 채취한 고사리의 어린순

●일본에서 고사리의 쓴맛 빼는 법

1

고사리의 잡티를 제거한 다음 크기가 넉넉한 그릇을 준비하여 가지런히 넣는다. 동제 용기를 사용하면 더욱 보기 좋은 색이 된다.

2

고사리 무게의 10% 정도 되는 나뭇재를 준비하여 고사리 위에 고르게 뿌린다. 나뭇재가 없을 때는 탄산수소나트륨 1작은술을 뿌리는데, 나뭇재로 처리해야 더욱 맛이 좋다.

3

고사리 전체가 잠길 만큼 나뭇재 위에 뜨거운 물을 충분히 붓고 얼룩이 생기지 않도록 젓가락 등으로 잘 섞는다.

4

고사리가 떠오르지 않도록 뚜껑을 덮고 그 위에 누름돌을 얹고 하룻밤 정도 둔다. 누름돌은 고사리가 떠오르지 않을 정도의 무게가 좋다.

5

쓴맛 제거가 끝났으면 물로 잘 씻어 나뭇재를 떨어낸다. 큰 냄비에 물을 넉넉하게 붓고 고사리가 부드러워질 때까지 데친 뒤 찬물에 담근다. 너무 오래 데치면 맛이 반감되므로 주의한다.

6

가끔씩 맛을 보다가 이때다 싶을 때 찬물에서 꺼내 물기를 뺀다. 단단한 밑동과 줄기 끝의 둥근 부분을 잘라내고 줄기를 적당한 길이로 잘라 조리한다.

고추냉이

분류	겨자과	생약명	산유채(山愈菜)
별명	산규		

① 산중의 연못을 이용하여 재배한 고추냉이. 꽃이 필 무렵이 채취 적기
② 습기가 많은 산중에 자생하고 있는 고추냉이
③ 고추냉이의 술지게미 절임

　일본의 대표적인 향신 식물로, 회를 먹을 때 빼놓을 수 없다. 묘하게 코를 자극하는 매운맛 뒤에 남는 단맛이 매력적으로, 좋은 고추냉이를 곁들이면 회가 한층 더 맛있어진다.

④ 고추냉이 잎 튀김
⑤ 곤약에도 고추냉이가 잘 어울린다.

시즈오카현과 나가노현에서 대규모로 재배되고 있어 산나물이라기보다는 밭에서 재배되는 제품의 이미지가 강하지만, 고추냉이는 어엿한 산나물의 일종이다. 게다가 천연의 고추냉이 쪽이 훨씬 향기가 좋으므로 재배품과 꼭 한 번 비교해 보기 바란다.

우리나라의 울릉도와 일본의 홋카이도에서 규슈 지방에 이르기까지 널리 분포하는 여러해살이풀로, 산지의 얕은 냇물이나 강가에 자생한다. 땅속으로 굵은 뿌리줄기가 벋고 15~20cm의 줄기 끝에 잎이 난다. 잎은 하트 모양이고 광택이 나며 가장자리에 불규칙하게 잔 톱니가 있다. 봄에 긴 꽃줄기가 자라 십자 모양의 희고 작은 꽃이 핀다.

채취 꽃이 필 무렵이 채취 적기이다. 잎·줄기·뿌리줄기 등을 통째로 채취한다. 잎은 초가을까지 채취 가능하다.

밑손질 떫은맛이 없으므로 잎과 줄기는 살짝 데쳐 찬물에 헹군다. 뿌리줄기는 물에 씻은 뒤 잔뿌리를 제거한다.

먹는 방법 밑손질한 잎과 줄기는 그대로 무침이나 술지게미 절임으로, 뿌리줄기는 갈아서 향신료로 쓴다. 고추냉이의 향기와 매운맛은 세포가 파괴되었을 때 효과가 발휘되므로 가능하면 칼날이 작은 강판이나 상어 껍질로 된 전용 강판을 사용하도록 한다.

약용 뿌리줄기 등의 매운맛 성분에는 식욕증진, 건위(健胃) 효과가 있다. 류머티즘, 신경통에 뿌리줄기 간 것을 거즈에 싸서 1회 약 20분간 환부에 붙이면 일시적으로 통증이 완화된다.

일본의 대표적인
향신 식물.
잎과 줄기는
살짝 데쳐 무침이나
절임으로

구기자나무

분류	가지과	별명	지선, 괴좆나무, 선장

생약명 구기자(枸杞子), 구기엽(枸杞葉), 지골피(地骨皮)

① 구기자나무의 어린순
② 보랏빛의 앙증맞은 구기자꽃
③ 가을에 발갛게 익는 구기자

예로부터 자양강장 등에 널리 쓰인 유명한 약용 식물이다. 우리나라 전역의 마을 근처 둑이나 냇가에 자생하며, 재배하기도 한다. 일본에서도 잘 자란다. 높이는 1.5~2m이고 분지한 가지는 휘어져서 끝이 밑으로 처진다. 봄부터 가을에 걸쳐 연자주색 꽃(꽃잎은 5개)이 핀 뒤 타원형 열매가 맺혀 붉게 여문다.

채취 봄~초여름에 어린순과 어린잎을 채취한다.

밑손질 살짝 데쳐서 물에 헹군다. 소금에 절여 저장할 수 있다.

먹는 방법 쓴맛이 없어 무침·조림·볶음·구기자밥 등으로 이용할 수 있다.

약용 열매를 말린 구기자로 담근 구기자주는 자양강장·저혈압증·불면증에 효과적이다. 또한 뿌리껍질을 말린 지골피는 강장·소염·해열에 효과가 있다.

금은화(인동)

분류	인동과	생약명	인동(忍冬)
별명	겨우살이덩굴, 금은등, 인동초		

덩굴성 상록저목으로, 우리나라 전역과 일본 홋카이도부터 오키나와까지 넓게 분포한다. 볕이 잘 드는 숲, 언덕 등에서 다른 나무를 휘감고 생장한다. 긴 타원형의 잎은 부드러운 털로 덮여 있고 5~6월에 관 모양의 흰 꽃이 핀다. 꽃이 얼마 안 있어 노랗게 변하기 때문에 금은화라고도 불린다.

채취 5~6월에 어린잎을 딴다.

밑손질 데쳐서 물에 헹군다.

먹는 방법 무침·볶음 등.

약용 꽃을 그늘에 말린 것이 금은화로, 1일 10g을 3컵 분량의 물이 반으로 줄 때까지 달여 식간 3회로 나눠 복용하면 해열, 부종 제거에 효과적이다.

또한 7~9월에 잎을 따서 볕에 말린 것은 인동으로, 1일 15g을 3컵 분량의 물이 반으로 줄 때까지 달여 입 안을 헹구면 구내염, 편도선염에 유효하다.

인동덩굴의 꽃. 처음에는 흰색이지만 점점 황변한다. 꽃의 아랫부분을 빨면 단맛이 난다.

꿀풀

분류	꿀풀과	생약명	하고초(夏枯草)
별명	가지골나물, 꿀방망이, 두메꿀풀		

① 입술 모양의 꽃이 밀집하여 피는 꿀풀. 약용으로는 다 피고 나서 갈색이 된 꽃이삭을 사용한다.
② 여름에 꽃이 필 때도 지난해 꽃이삭이 남아 있는 경우가 많다.
③ 식용에 적합한 어린잎

　꿀풀은 식용보다는 약초로 더 잘 알려진 여러해살이풀이다. 우리나라 전역의 들판, 산지의 밭, 길가 등의 양지에 자생하며, 일본 홋카이도·혼슈·시코쿠·규슈에 분포한다.

　4월경부터 네모진 줄기가 옆으로 벋고 나서 곧게 선다. 5~6월에는 30cm 전후의 높이까지 자라며 줄기 끝에 꽃이삭이 달리는데 꽃을 따서 빨아먹으면 달콤한 꿀이 나온다.

채취 4월에 어린순과 어린잎을 뜯어 채취한다.

밑손질 소금물에 데쳐서 물에 헹군다.

먹는 방법 무침 또는 조림으로. 꽃은 샐러드 등을 장식한다.

약용 7월경에 갈색이 된 꽃이삭을 채취하여 볕에 말려 1일 5g을 3컵 분량의 물이 반으로 줄 때까지 달여 이 물로 입 안을 헹구면 구내염이나 편도선염에 좋다.

눈개승마

분류	장미과	생약명	죽토자(竹土子)
별명	가승마, 눈산승마, 미주가승마, 삼나물		

①

① ② 습지 주변에서 자란 눈개승마
③ 눈개승마 튀김

우리나라와 일본에 광범위하게 분포한다. 높은 산지의 습한 숲속이나 언덕, 골짜기 등의 나무 그늘에서 자생한다. 식감이 좋아 도호쿠 지방에서 즐겨 먹는다. 자웅이주의 대형 여러해살이풀로, 줄기는 1m 이상 생장한다. 겹잎은 깊게 패여 있고 가장자리에 거친 톱니가 있다. 초여름~여름에 노란색을 띤 작은 흰색의 꽃이 원추꽃차례를 이루며 피고 가을에는 암포기에 타원형의 열매가 맺힌다.

채취 4~5월에 어린순의 부드러운 부분을 채취한다.

밑손질 식감을 살리기 위해 살짝 데쳐서 물에 헹군다. 소금에 절여 저장할 수 있다.

먹는 방법 날것에 튀김옷을 입혀 낮은 온도의 기름에서 튀긴 튀김은 향기, 맛, 식감 모두 훌륭하다. 밑손질한 것은 무침·조림·국건더기·버터볶음 등에 폭넓게 이용할 수 있다.

도라지

분류	초롱꽃과	생약명	길경(桔梗)
별명	길경채, 도랏, 백약, 산도라지, 질경		

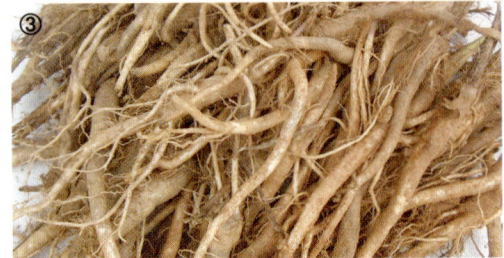

① 꽃이 아름다워 정원에서 관상용으로도 재배하기도 한다.
② 도라지 어린순
③ 도라지 뿌리
④ 흰색 꽃이 피는 것은 특히 백도라지라고 부른다.

아름다운 청자색 꽃(꽃잎은 5개)을 피우는 여러해살이풀로, 우리나라 전역과 일본의 홋카이도·혼슈·시코쿠·규슈에 분포하며 볕이 잘 드는 들판, 초원 등에 군락을 이루어 자생한다. 요즘에는 수요가 늘어 농가에서 대량으로 재배하기도 한다.

젯상에는 꼭 도라지나물을 올렸고, 민요에도 '도라지타령'이 있을 정도로 도라지는 특히 우리 민족과 밀접한 관계가 있어 왔다. 햇볕이 잘 드는 비옥한 토양을 좋아하지만, 아침나절에 잠깐 햇볕을 쪼일 수 있다면 그늘에서도 잘 자란다. 주로 씨앗으로 번식하지만, 포기나누기나 꺾꽂이도 가능하다.

한의학에서는 뿌리줄기를 말린 것을 길경이라고 한다. 뿌리줄기에는 사포닌(인삼, 더덕의 약효성분)이 들어 있는데, 달이거나 믹서기에 갈아서 꾸준히 복용하면 가래나 심한 기침에 상당한 효과가 있다. 최근에는 항암 작용을 한다는 연구 보고가 있어 특히 주목을 받고 있다.

뿌리는 굵고 곧게 벋으며 줄기는 직립하여 1m 가까이 자라고 긴 달걀 모양의 잎이 어긋난다. 여름~가을에 분지한 가지 끝에서 청자색 꽃이 핀다.

채취 4~5월에 어린순을 채취한다. 이른 봄이나 잎줄기가 시든 늦가을에 뿌리를 캔다.

밑손질 어린순을 데쳐서 물에 잘 헹궈 충분히 쓴맛을 빼고 나서 조리한다. 뿌리는 흙을 털어내고 물에 깨끗이 씻어서 껍질을 벗겨 소금물에 담가 쓴맛을 없앤 뒤 조리하거나 데쳐서 조리한다.

먹는 방법 각종 무침이나 조림으로.

약용 가을에 뿌리를 채취하여 볕에 말린다. 뿌리를 그대로 물에 끓여서 차처럼 마시거나 가루를 내어 물에 약간 타서 입 안을 헹구면 가래·기침 등에 효과적이다.

독활

| 분류 | 두릅나무과 | 생약명 | 독활(獨活) |
| 별명 | 땅두릅, 땃두릅 |

① 독활은 지상부가 10~30cm로 자랐을 무렵이 부드럽고 맛이 좋다.
② 갓 채취한 독활을 된장에 찍어 먹으면 들냄새가 풍부한 향이 입 안에 퍼진다.
③ 독활의 끝부분을 튀긴 것. 소금을 찍어 먹으면 독활의 향이 두드러진다.
④ 조림. 육질이 부드럽고 맛이 좋다.

66

재배되는 독활과 달리 자연산은 윤기가 있고 향이 강하여 맛이 좋다.

우리나라 전역의 산기슭과 들판 등 볕이 잘 드는 곳에 군생한다. 일본 홋카이도·혼슈·시코쿠·규슈에 널리 분포한다.

2m까지 자라는 여러해살이풀로, 줄기는 속이 비어 있고 달걀 모양의 작은 잎이 홀수 2회 깃꼴겹잎으로 자란다. 여름에 연한 녹색의 작은 꽃이 산형꽃차례로 핀다.

봄산의 정기를 머금은 향을 즐기려면 갓 딴 독활을 생식하는 것이 제일이다

채취 몸 전체에 솜털이 나 있는 어린순을 채취한다. 일반적으로 4~5월이 적기이다.

밑손질 갓 채취한 것을 생식하거나 데쳐서 무친다. 날것을 소금이나 된장에 절여 저장할 수 있다.

먹는 방법 생식하는 것이 향미가 제일이지만, 데쳐서 양념에 무치면 향기, 식감, 맛이 매우 좋다. 날것을 튀겨 먹거나 국건더기로 쓴다.

약용 가을에 뿌리줄기를 채취하여 그늘에서 말려 쓴다. 감기 초기에 달여 마시면 발한, 해열 효과가 있다. 줄기와 잎을 입욕제로 쓰면 어깨 결림을 완화해 준다.

● **채취 방법**

봄에 어린순이 10~30cm로 자란 것을 골라 채취한다. 땅속 껍질의 흰 밑동이 부드럽고 맛있는 부분이므로 채취할 때는 흙을 파내고 칼로 될수록 많이 잘라 낸다. 여러 포기 중에서 2~3포기 남겨 두면 다음 해에도 채취할 수 있다.

독활은 땅속의 흰 부분을 칼로 잘라낸다.

두릅나무

분류	오갈피나무과	생약명	총목피(楤木皮)
별명	목두채, 문두채, 요두채		

◀ 봄에 싹튼 두릅나무의 새순. 잎이 약간 벌어지기 시작한 것이 풍미가 강하여 맛이 좋다.

▲ 170℃의 기름에 튀긴 두릅 튀김. 그 맛이 훌륭해서 자연의 은혜에 고개가 절로 숙여진다.

봄비 그친 뒤 물방울이 맺힌 두릅

채취한 두릅. 껍질을 벗겨서 조리한다.

예로부터 맛이 좋아 산나물의 왕이라 불렸다. 또
한 유지와 단백질이 풍부하게 함유되어 있어 영
양가도 높다. 이른 봄에 온실에서 자란 두릅나무
가 도회의 점두에 진열될 만큼 인기를 끌고 있
다.

우리나라 전역 햇볕이 잘 드는 산지에서 자생하는
데 비옥한 토지보다는 벌채지 등에서 더 잘 자란다. 일본
은 홋카이도·혼슈·시코쿠·규슈·오키나와에 분포하며, 평지부터 고산의 볕이
잘 드는 언덕이나 들판에 자생하는 낙엽저목이다.

줄기는 곧게 자라고, 가지는 많이 치지 않는다.

눈이 많이 내리는 일본의 도호쿠 지방의 봄산에 가면 2~3m로 자란 두릅나무
끝의 싹이 잘려 있는 광경을 목격하게 되는데, 이것은 눈이 높이 쌓여 있을 때 토

특유의 향기와
포근포근한 식감은
가히 산나물의 왕이라
할 만하다

① 두릅무침밥. 데친 두릅을 볶은 된장과 함께 잘게 다져서 무친다. 간장에 조린 표고버섯과 유부를 밥 위에 얹는다. 두릅의 쌉싸래한 맛과 볶은 된장의 구수한 향이 식욕을 자극한다.
② 두릅호두초무침. 호두의 향과 식초의 상큼한 맛이 두릅의 포근포근한 식감과 절묘하게 어울린다.
③ 가시가 있으므로 가죽장갑을 끼고 채취한다.

70

끼 등에 의해 갉아 먹힌 흔적이라
고 한다.

　나무 전체에 가시가 나 있으므로
채취할 때는 가죽 장갑이 필수품이
다.

무분별한 채취로 나무두릅이 귀해지고 있다.

채취　4~6월에 어린순의 밑동을
쥐고 딴다. 5~15cm 굵기의 것이
상품이며 잎이 약간 자란 것도 채
취 가능하다.

　두 번째 새싹까지 따고 세 번째
싹부터는 채취하면 시들어 버리므로 나무를 보호하기 위해 남긴다.

밑손질　싹의 아래쪽에 달려 있는 껍질을 제거하고 살짝 데쳐 물에 헹군다. 소금
에 절여 저장할 수 있으며, 데친 것을 얼리기도 한다.

먹는 방법　가장 맛이 좋은 것은 살짝 데쳐서 초고추장을 찍어 먹는 두릅숙회다.
데친 것을 쇠고기와 함께 꿰어 두릅산적을 만들거나 전을 부쳐 먹어도 특유의
향과 식감이 일품이다. 날것 그대로 튀김으로 먹어도 맛이 있고, 데친 것은 깨
소금된장무침·조림·된장국 등으로 이용한다. 잘게 다져 볶은 된장과 함께 무
치면 술안주가 된다.

재배 두릅. 자연산 나무두릅의 채취량이 적어
가지를 잘라 하우스 온상에 꽂아 재배하여 시
판하기도 한다.

뚱딴지

분류	국화과
별명	돼지감자, 뚝감자, 규우, 국서

북아메리카가 원산지인 여러해살이풀이다. 우리나라 전국에 분포하며, 일본 홋카이도~규슈의 볕이 잘 드는 황무지나 고원에 자생하고 있다. 지하에 덩이줄기가 발달하며 1~3m 높이까지 자란다. 여름~가을에 지름 5~8cm의 국화와 비슷한 노란 꽃이 핀다.

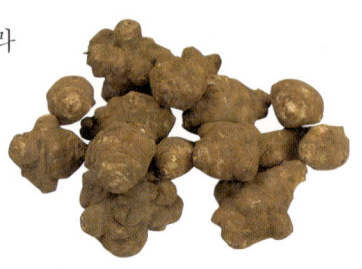

뚱딴지의 덩이줄기

채취 4월에 어린순을, 10월에 덩이줄기를 채취한다.

밑손질 어린순은 데쳐서 물에 헹군다.

먹는 방법 어린순은 무침, 날것은 튀김으로. 덩이줄기는 씻은 뒤 껍질을 벗겨 얇게 썬 것을 식초물에 담가 쓴맛을 뺀다. 그런 다음 기름에 볶거나 단촛물, 된장 등에 절인다. 또한 날것을 튀겨 먹을 수도 있다.

① 여름~가을에 분지한 줄기의 끝에 노란 국화 모양의 꽃이 핀다.
② 무성하게 군락을 이루는 뚱딴지

망초 / 개망초

분류	국화과
별명	계란꽃, 대구망초, 망풀, 개망풀

① 꽃이 핀 망초. 꽃봉오리일 때는 고개를 숙이고 있다가 개화하면 하늘을 쳐다 본다.
② 망초의 꽃
③ 채취 시기가 된 망초. 줄기가 자라 잎이 나기 시작할 때 채취한다.

시가지부터 교외의 황무지, 길가, 초원 등의 볕이 잘 드는 곳에 나는 북아메리카 원산의 여러해살이풀이다. 특히 양지바른 초원에서 노란 꽃술이 달린 흰 꽃이 일면을 덮고 있는 장관을 볼 수 있다.

20세기 초에 들어온 귀화식물로, 우리나라와 일본 전역에 널리 퍼져 있다.

로제트 모양으로 겨울을 나고 봄이 되면 줄기가 30~60cm 높이로 자라며 긴 타원형의 잎이 어긋난다. 4~7월에 흰색 또는 담홍색의 꽃이 피는데, 꽃봉오리일 때

호두무침. 쌉싸래하고 씹는 맛이 있다.

는 줄기째 밑을 보고 있다가 개화하면 고개를 쳐드는 재미있는 성질을 갖고 있다.

비슷한 종류로 개망초가 있다. 마찬가지로 북아메리카에서 귀화한 식물로 줄기의 높이가 60cm~1m에 달하며 망초보다 늦은 6~10월에 꽃이 핀다. 망초와 같이 식용할 수 있다.

채취 3~6월에 어린순을 채취한다.

밑손질 데쳐서 물에 헹군다.

먹는 방법 날것을 튀겨 먹는다. 그밖에 깨소금무침, 조림 등도 가능하다. 꽃은 식용화로서 샐러드를 장식한다.

매화마름

분류	미나리아재비과
별명	물미나리아재비, 미나리마름, 매화발

금붕어 수조 등에 넣어 주는 가는 잎이 달린 물풀이다. 우리나라 각지의 늪이나 연못에서 자라며, 일본 홋카이도·혼슈·규슈에 분포하는 여러해살이풀로, 맑은 물이 흐르는 강·수로·유수지에 자생하며 군락을 이룬다.

물살에 흔들리는 줄기의 길이는 30~50cm이고 촘촘하게 분지하여 실같이 가는 잎이 어긋난다. 여름에 잎의 밑부분에서 꽃자루가 나와 흰 매화와

맑은 시냇물에 물결 치는 매화마름

비슷한 꽃(꽃잎은 5장)이 피고 나서 구형의 열매가 맺힌다.

채취 봄부터 가을까지. 단 따뜻한 곳에서는 연중 채취 가능하다. 상반부의 부드러운 줄기와 잎을 잘라낸다.

밑손질 쓴맛이 없으므로 필요 없다.

먹는 방법 살짝 데쳐서 초무침·초간장무침·초된장무침·겨자무침·조림 등으로. 소금으로 가볍게 문질러 술지게미무침이나 맑은 장국에도 이용할 수 있다.

메꽃

분류	메꽃과	생약명	선화(旋花)
별명	미초, 근근화, 고자화		

① 메꽃의 어린순. 봄부터 가을까지 계속해서 나오는 어린순을 채취한다.
② 깔때기 모양의 담홍색 메꽃
③ 애기메꽃

우리나라 전역과 일본의 홋카이도 · 혼슈 · 시코쿠 · 규슈에 분포하는 덩굴성 여러해살이풀이다. 교외의 길가 · 풀숲 · 밭둑 등에서 덩굴을 벋으며 퍼진다. 잎은 창 모양이고 여름에 나팔꽃과 비슷한 담홍색 꽃이 핀다. 꽃은 아침에 피었다가 저녁에 지는 일일화이다.

채취 봄~여름에 어린잎과 꽃을 딴다.

밑손질 데쳐서 물에 헹군다.

먹는 방법 무침 외에 날것은 튀김, 꽃은 살짝 데쳐서 초무침으로.

약용 개화기에 전체를 뿌리째 채취하여 볕에 말린 것이 생약인 선화이다. 몸이 부었을 때, 피로 회복에 1일 10g을 3컵 분량의 물이 반으로 줄 때까지 달여 식간 3회로 나눠 복용한다.

명아주

분류	명아주과
별명	연지채 · 는장이 · 는쟁이 · 도트라지

① 화단에 자란 명아주
② 흰명아주의 어린순. 명아주와 마찬가지로 식용할 수 있다.
③ 명아주조림. 감칠맛이 난다.

명아주는 남아시아·북아프리카·북아메리카에 걸쳐 널리 분포하는 한해살이 풀로, 우리나라와 일본 전역에서 잘 자란다. 비타민A·B1·C를 다량 함유하고 있어 일본의 에도시대에는 영양가 높은 채소로 재배를 권장했다고 한다.

줄기는 곧게 서고 가지를 치면서 기름진 땅에서는 2m에 가까운 높이로 자란다. 다란 삼각형 모양의 잎은 서로 어긋나며, 양끝은 뾰족하고 가장자리에는 물결과 같은 생김새의 톱니를 가지고 있다. 얇고 연한 생장점의 어린 잎은 보랏빛을 띤 붉은빛의 가루와 같은 것에 덮여 있다. 여름에서 가을에 걸쳐 황록색의 작은 꽃이 원추꽃차례로 핀다.

봄부터 초여름 사이에 생장점이 되는 어린 잎을 따서 나물감이나 국거리로 삼는다. 이때 잎에 붙어 있는 밀가루 같은 물질은 씻어 내고 식용해야 한다. 식량이 부족했던 시절에는 명아주죽을 많이 먹었다.

잎은 어릴 때 중심부에 붉은 빛이 돌고 전체적으로 흰 가루로 덮여 있다. 이 붉은 부분이 흰색인 흰명아주도 있으며 이것도 명아주와 마찬가지로 식용할 수 있다.

채취 4~5월에 어린순을 채취한다.

밑손질 어린잎에 붙어 있는 가루를 잘 씻어낸 뒤 살짝 데쳐 물에 헹군다. 햇볕에 말려 저장할 수 있다.

먹는 방법 데친 것은 깨소금, 호두, 마요네즈 등과 무치거나 튀겨 먹는다. 볕에 말린 것은 물에 불리고 가루를 제거한 뒤 조림·볶음·국건더기로 이용한다.

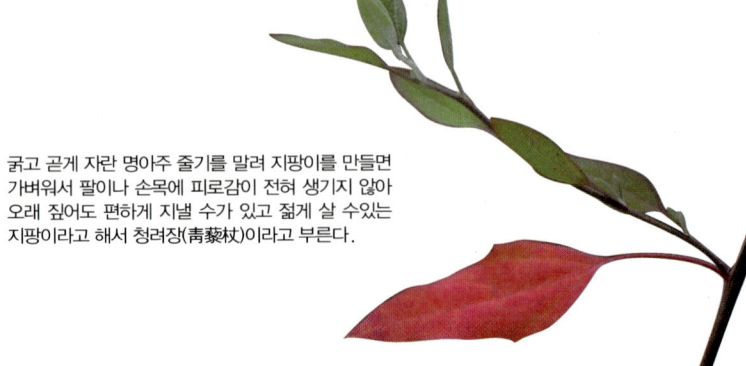

굵고 곧게 자란 명아주 줄기를 말려 지팡이를 만들면 가벼워서 팔이나 손목에 피로감이 전혀 생기지 않아 오래 짚어도 편하게 지낼 수가 있고 젊게 살 수 있는 지팡이라고 해서 청려장(靑藜杖)이라고 부른다.

밀나물

분류	백합과
별명	우미초, 먹나물, 오아리, 밀나무

▲ 소의 꼬리와 비슷하다고 하여 우미채라고도 불린다.
◀ 밀나물 무침. 감칠맛 나는 풍미와 식감을 즐기기 위해서는 채취한 날 바로 데쳐서 무쳐 먹는 것이 좋다.

밀나물은 산의 아스파라거스로 형용되는 맛있는 산나물로, 야마가타현에서는 '산나물의 왕'이라 불린다.

우리나라의 전역과 일본의 홋카이도·혼슈·시코쿠·규슈에 분포하는 자웅이주의 덩굴성 여러

산의
아스파라거스로
불리는
맛있는 산나물

해살이풀이다. 잎은 달걀 모양 또는 긴 달걀 모양이고 잎줄기 기부에서 실 모양의 덩굴손이 나와 다른 식물 등을 휘감으며 생육한다. 7~8월경에 꽃줄기가 나온 다음 끝부분에 녹황색 꽃이 산형꽃차례로 피고 이후 암포기는 열매를 맺고 검게 익는다.

평지, 산의 들판이나 비탈길 등의 볕이 잘 드는 곳에 자생하고 있으나, 많은 양을 채취하기는 어렵다. 잎이 좁은 것을 좁은잎밀나물이라고 한다.

채취 4~6월경 잎이 열리기 전의 어린순을 채취한다. 될수록 줄기가 굵은 것을 골라 잡아당기면서 꺾는다.

땅속줄기가 벋어 있어 한 포기를 발견하면 그 근처에서 여러 포기를 채취할 수 있다. 굵은 포기 1~2개만 채취하고 나머지는 다음해에 즐길 수 있도록 남겨 두자.

밑손질 채취한 뒤 오래 방치하면 맛이 퇴색되므로 될수록 빨리 조리해서 먹는다. 밑손질은 살짝 데쳐 찬물에 헹구는 정도로 충분하다.

먹는 방법 밀나물 특유의 풍미를 즐기는 데는 마요네즈무침 · 깨소금무침 · 깨소금된장무침 · 호두무침 · 두부무침 등의 무침류가 잘 어울린다.

① 밀나물의 어린순. 드문드문 자생하는 밀나물은 찾아내기도 쉽지 않다.
② 밀나물 튀김. 아스파라거스보다 향이 강하기 때문에 튀김으로 먹어도 맛이 두드러진다.

박쥐나물

분류	박쥐나물과
별명	민박쥐나물, 모화첨

깊은산의 나무 그늘에서 자라는 여러해살이풀로, 줄기는 2m 정도까지 생장하고 잎줄기가 있는 삼각형 잎이 달린다. 잎줄기에는 턱잎이 있으며 날개처럼 기부를 감싸고 있다. 여름~가을에 줄기의 상부에 흰 통꽃이 원추형으로 핀다.

봄에 여린 잎줄기를 데쳐서 나물로 먹고 말려서 묵나물로도 이용한다.

채취 4~5월에 싹이 날 무렵부터 어린순을 채취한다. 좀 자란 것도 줄기 상부의 부드러운 부분은 채취 가능하다. 군생하고 있으므로 비교적 간단히 많은 양을 딸 수 있다.

밑손질 데쳐서 물에 헹군다. 소금에 절여 저장할 수 있다.

먹는 방법 날것은 튀겨 먹으면 맛있다. 밑손질한 것은 각종 무침과 조림으로. 염장한 것은 소금기를 빼면 풍미가 부드러워진다. 샐러드·마요네즈무침·깨소금무침 등.

① 박쥐나물은 잎자루에 턱잎이 있어 그 기부가 줄기를 감싸고 있다.
② 줄기는 속이 비어 있다.
③ 무침. 약간 쌉쌀한 맛과 독특한 향이 있다.
④ 박쥐나물 튀김. 소금으로 간을 하면 더욱 맛이 좋다.

산마늘

분류	백합과
별명	멩이풀, 명이, 서수레

① 정원에 심어진 산마늘
② 산마늘의 꽃
③ 산마늘의 초간장무침
④ 된장에 찍어 생식해도 맛있다.

　우리나라의 지리산·설악산·울릉도의 깊은 산속의 나무 밑에 자생하며, 일본 혼슈의 긴키 이북~홋카이도에 분포하는 여러해살이풀이다. 홋카이도에서는 평지에 자생하지만, 혼슈에서는 1,000m 이상의 고산에서 볼 수 있다. 마늘과 마찬가지로 알리인이 함유되어 있어 자양 강장에 유효하다.

　잎은 질감이 부드러우며 긴 타원형 또는 타원형이고 20cm 정도의 잎줄기에

④

1～2개의 잎이 달린다. 잎 모양이 독초인 은방울꽃(121쪽 참조)과 비슷하지만, 산마늘은 잎의 기부가 적갈색 섬유질로 싸여 있으므로 구별할 수 있다.

6～7월경 길게 자란 꽃줄기 끝에 희고 작은 꽃이 파꽃 모양으로 핀다.

채취 군생하는 성질이 있어 채취하기 쉽지만, 번식력이 약하므로 채취할 때는 비늘줄기를 남기고 지상부만 잘라내도록 한다. 적기는 4월이며 잎이 완전히 열리기 전의 어린순을 채취한다. 이 시기는 독초인 은방울꽃도 모습이 비슷하므로 주의가 필요하다.

밑손질 날것으로 먹거나 살짝 데쳐 물에 헹군다. 소금에 절여 저장할 수 있다.

먹는 방법 어린잎은 밑손질한 뒤 무침·조림으로. 날것은 튀김이나 볶음으로. 우리나라에서는 장아찌로 더 많이 먹는다.

산초나무

분류	운향과	생약명	산초(山椒), 애초(崖椒)
별명	분지나무, 산추나무, 상초나무		

① 채취 적기의 산초의 어린잎과 꽃
② 산초의 어린잎을 넣은 맑은 장국
③ 산초 조림. 술안주나 입가심용으로 좋다.

　잘 알려진 산나물 중 하나다. 우리나라의 전역과, 일본 홋카이도·혼슈·시코쿠·규슈의 산야에 널리 자생하는 자웅이주의 낙엽저목으로 3m 정도까지 자란다. 가지에는 가시가 있다. 긴 타원형 또는 달걀 모양의 작은 잎이 13~21개 나며 4~5월에 가지 끝에 작은 황록색 꽃이 핀다. 암포기는 열매를 맺고 9월경에 붉게 여문다.

　잎과 열매에는 디펜텐·시트로네랄·산쇼올 등의 정유가 함유되어 있어 잎을 문지르면 향기가 나고 입에 넣으면 매운맛이 나기 때문에 예로부터 요리의 향신료나 생약으로 이용되어 왔다.

　재배하기도 그리 어렵지 않아 정원에 심어 두고 필요할 때 활용하기도 한다.

　비슷한 종류로 가시가 없는 민산초, 잎이 좁고 작은 좀산초가 있다. 민산초는 산초와 마찬가지로 식용할 수 있으나, 좀산초는 향이 좋지 않아 식용하지 않는다.

　채취 4~5월에 어린순과 꽃이삭을 채취하고, 5~6월에 덜 여문 열매를 채취한다.

밑손질 물로 씻기만 하면 된다.

먹는 방법 어린순 조림은 진미이다. 또한 된장
에 산초를 갈아 넣은 것이 산초된장인데, 두
부나 고구마에 곁들여 먹어도 좋고 메기에 이
것을 발라 구워 먹어도 별미이다. 어린 열매는
다시마 등과 함께 간장을 넣고 조린다.

약용 8월 하순경 노르스름해진 열매를 채취한다. 열매의 껍질을 그늘에서 말린
것이 생약인 산초로, 한방약의 재료가 된다. 민간에서는 위장통증에 산초 분말
을 반 작은술 정도 복용하면 효험이 있다고 한다.

향이 좋은 어린순과
열매 조림은
미식가도
감탄하는 진미

메기산초된장구이. 산초를 갈아 된장, 설탕, 술을 섞은 다음 메기에 발라 굽는다.

삼지구엽초

분류	매자나무과	생약명	음양곽(淫羊藿)
별명	방장초, 선령비		

산야초로서 친숙한 삼지구엽초는 예로부터 어린잎과 꽃을 식용하는 한편 강장 효과가 있는 약초로 널리 이용되어 왔다.

우리나라에는 주로 경기도와 강원도 이북에 많이 분포하며, 일본에는 혼슈·시코쿠에 분포한다. 여러해살이풀로 평지나 낮은 산림에 자생하고 있다. 굵은 땅속 줄기가 벋고 봄에 싹이 나와 달걀 모양의 작은 잎으로 이루어진 복엽이 달린다. 4~5월에 홍자색·흰색·노란색의 꽃이 밑을 향해 핀다.

채취 3~5월에 열리기 전의 어린잎을, 4~5월에 꽃을 채취한다.

밑손질 어린잎은 채취한 날에 데쳐서 물에 헹군다.

먹는 방법 겨자무침, 볶음 외에 날것은 튀김으로. 꽃은 살짝 데쳐서 초무침을 만든다.

약용 5~6월에 지하부를 잘라 내어 물에 씻은 뒤 그늘에 말린 것이 음양곽이다. 이것을 주재료로 삼아 한방의 처방에 따라 만들어진 것이 '선영비주라 불리는 약주로, 취침 전에 소량을 복용하면 강장에 효과가 있다고 한다.

삼지구엽초 어린순

연자주색 꽃이 핀 삼지구엽초

삽주

분류	국화과	생약명	창출(蒼朮), 백출(白朮)
별명	관창출, 화창출, 창두채		

예로부터 널리 이용되어 온 산나물 중 하나로 쓴맛, 떫은맛이 없어 맛이 좋다. 우리나라 전국 각지의 나무숲이나 풀밭에서 잘 자라며, 농가에서 재배하기도 한다. 또한 일본의 혼슈·시코쿠·규슈에 분포하는 여러해살이풀로서, 평지, 낮은 산의 볕이 잘 드는 풀밭이나 들판에 자생하고 있다.

뿌리줄기는 굵고 길며 봄이 되면 싹이 나오고 윤기 있는 잎이 달린다. 줄기는 40cm~1m까지 생장하며 가을에 가지 끝에 흰색 또는 담홍색의 꽃이 핀다.

비슷한 종류로 잎자루가 없는 용원삽주가 있다.

채취 봄에 어린순을 채취한다.

밑손질 살짝 데쳐서 물에 헹구는 정도로 충분하다. 소금에 절여 저장할 수 있다.

먹는 방법 깨소금무침·호두무침·초무침·두부무침·겨자무침 등의 무침류, 국건더기·조림·튀김 등으로 폭넓게 이용할 수 있다.

약용 가을에 뿌리줄기를 채취하여 물에 씻어서 그늘에 말린 것이 생약인 백출이다. 1일 5g을 2컵 분량의 물이 반으로 줄 때까지 달여 3회로 나눠 식전에 복용하면 건위·정장 효과를 볼 수 있다.

삽주의 꽃

삽주

섬조릿대

분류	벼과
별명	산죽, 섬대, 성인죽

① 섬조릿대의 밑동에서 나와 있는 어린순이 죽순. 밑동에서 잡아뜯어 채취한다.

② 섬조릿대의 잎

③ 볶은 죽순과 표고버섯·유부·곤약에 간장을 넣고 조린 뒤 밥에 비벼 죽순밥을 만든다. 향기·맛·식감의 삼박자를 갖춘 요리

섬조릿대는 우리나라 울릉도의 특산 식물이며, 일본 홋카이도와 혼슈 중부 이북에 분포한다. 산 중턱, 숲길의 경사면 등에서 땅속줄기를 빽빽하게 벋어 군락을 만들고 그 끝에서 죽순이 나온다. 2～3m 높이로 빽빽하게 자라며 분지한 가지 끝에 길이 20cm 정도의 잎이 2～5개 달린다.

섬조릿대 순은 떫고 쓴맛을 우려낼 필요가 없이 그대로 요리에 이용할 수 있다. 담백한 향미가 있고 혀가 닿았을 때의 느낌이 좋은 고급 산나물이다. 껍질을 벗겨 데쳐서 장을 찍어

죽순국. 시골에서는 봄이 오면 죽순 요리로 손님을 접대하면서 이야기꽃을 피운다.

먹기도 하고 튀김·장아찌 등으로 가공되어 인기가 높다.

섬조릿대에는 아스파라긴산, 카로틴, 비타민 A·B$_1$·B$_2$·B$_{12}$·C 등의 성분을 함유하는 영양 가치가 매우 높은 식품이며 또한 꽃바구니 등 조릿대 세공의 원료로 알맞은 중요한 관광 특산물이기도 하다.

채취 5～6월에 나오는 새순을 채취한다.

밑손질 신선한 것은 날것으로 이용할 수 있다. 껍질째 쌀뜨물에 데치고 물에 헹군 다음 껍질을 벗긴다. 밑손질한 것을 소금에 절이거나 병조림으로 저장할 수 있다.

먹는 방법 죽순의 소박한 단맛을 통째로 맛볼 수 있는 것이 껍질째로 굽는 꼬치구이다. 그밖에 튀김·국건더기·조림·죽순밥 등으로. 또 쌀뜨물에 데쳐서 깨소금무침·호두무침·두부무침 등으로 폭넓게 이용할 수 있다.

천연의 단맛과 식감은 밥·조림·된장국에 최적이다

① 무침. 산의 회라 불릴 만큼 맛이 좋다. 아삭아삭 씹히는
맛과 달콤한 향기를 즐길 수 있다.
② 섬조릿대 튀김
③ 채취한 섬조릿대

③

● 섬조릿대의 껍질 벗기기

1 죽순의 끝에서 4~5cm
되는 부분에 비스듬히
칼집을 넣는다.

2 몸통 부분을 잡고 껍
질을 아래쪽으로 당겨서
벗긴다.

3 남은 껍질을 마저 벗
긴다.

수리취

분류	국화과
별명	떡취, 산우방, 개취

▲ 4~5월경 이 정도일 때가 채취 적기이다. 데쳐서 물에 헹군 뒤 무쳐 먹는다.

◀ 수리취의 꽃. 드라이플라워로도 이용한다.

　우리나라 높은 산지의 햇볕이 잘 드는 풀숲이나 고원에서 자생하며, 일본의 홋카이도·혼슈의 중부 이북·시코쿠에 분포하는 여러해살이풀이다. 4월경 산지의 볕이 잘 드는 초원에 자생한다. 잎은 삼각형에 가까운 달걀 모양이었다가 생장하면서 타원형이 되고 잎 뒤쪽에 흰 솜털이 빽빽이 자란다. 높이는 1m가 넘으며 가을에 분지한 가지 끝에 어두운 자줏빛의 엉겅퀴와 비슷한 꽃이 옆을 향하여 핀다.

　비슷한 종류로 잎이 깃처럼 갈라지는 국화수리취가 있다.

채취 4월에 어린잎을 채취한다.

밑손질 데쳐서 물에 헹군다.

먹는 방법 절편을 만들거나, 밑손질한 것을 무치거나 날것은 볶음·튀김으로.

승마

분류	미나리아재비과, 승마(升麻)
별명	끼멸가리, 대삼엽승마

▲ 승마의 어린잎. 쓴맛이 사라질 때까지 물에 담가 두는 것이 중요하다.

▶ 나무숲 그늘에서 자란 승마꽃

우리나라 전역, 일본 홋카이도·혼슈·시코쿠·규슈에 분포하며 산야의 잡목림이나 볕이 잘 드는 초원에 군생하는 여러해살이풀이다. 높이는 1m 정도. 잎은 끝이 뾰족한 달걀 모양이고 가장자리에 톱니가 있다. 여름~가을에 꽃줄기가 나와 희고 작은 꽃이 수상꽃차례로 핀다.

채취 4~5월에 어린잎을 딴다.

밑손질 데쳐서 하루 종일 물에 담가 둔다.

먹는 방법 각종 무침에 어울린다.

약용 가을에 뿌리줄기를 채취하여 볕에 말린다. 1일 10g을 3컵 분량의 물이 반으로 줄 때까지 달여 입가심을 하면 편도선염과 입 안의 종기에 효과가 있다.

신선초

분류	미나리과
별명	명일엽, 신립초

　오늘 따도 내일은 새 잎이 나온다는 뜻에서 명일엽이라는 이름이 붙었을 정도로 생명력이 강한 여러해살이풀이다. 우리나라는 서울 근교·강원도·전라도 등지에 분포하며, 농가에서 대량으로 재배하기도 한다. 일본은 간토 지방을 북쪽 한계선으로 한 태평양 측에 분포하는데, 주로 보소 반도·이즈 반도·기이 반도에 걸쳐 자생하며 특히 하치조도가 산지로 유명하다.

채취　자생지에서는 연중 싹이 나므로 언제든 채취 가능하다. 어린잎과 꽃봉오리를 딴다.

밑손질　데쳐서 물에 헹군다.

먹는 방법　무침·마요네즈무침·깨소금무침·조림·달걀국 등으로. 날것과 꽃봉오리는 튀김으로.

① 봄~가을에 작고 노란 꽃이 무리지어 핀다.
② 신선초는 높이 1m 정도까지 자라는 대형 여러해살이풀이다.

약용　잎에 함유되어 있는 성분이 모세혈관을 튼튼하게 하는 작용을 하여 어린잎을 먹으면 신진대사가 활발해진다. 또한 변비에 잘 걸리는 사람은 변통이 좋아진다.

어성초

분류	삼백초과	생약명	십약(十藥)
별명	삼엽백초, 백설골, 백면골		

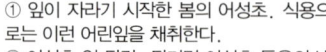

① 잎이 자라기 시작한 봄의 어성초. 식용으로는 이런 어린잎을 채취한다.
② 어성초 잎 튀김. 튀기면 어성초 특유의 냄새가 없어진다.
③ 꽃이 핀 어성초. 약으로 쓸 것은 이 시기에 채취한다.

우리나라 제주도 협재 지방에 많으며, 주로 습기가 많은 땅에서 잘 자란다. 또한 일본의 혼슈·시코쿠·규슈·오키나와에 분포하는 여러해살이풀로, 시가지의 습한 정원부터 산지의 음지에 이르기까지 광범위하게 자생하고 있다.

흰 땅속줄기가 빽빽하게 벋는다. 새순이 30~50cm 높이까지 자라면 하트 모양의 잎이 달린다. 줄기는 생장하면 검자주색을 띠고 잎은 푸르스름한 암녹색이다. 6~7월에 줄기 끝에 흰 꽃(꽃잎은 4개)이 피며 수상꽃차례를 이룬다. 습지를 좋아하고 특유의 냄새가 나서 정원에 심는 것은 기피되어 왔는데, 최근 건강 붐을 타고 약용 효과가 재인식되면서 '어성초차'가 시판되어 인기를 끌고 있다.

채취 4~6월에 어린순과 잎, 뿌리줄기를 채취한다.

밑손질 색과 냄새는 별로지만, 데쳐서 물에 헹구면 대부분의 냄새는 사라진다.

먹는 방법 부드러운 잎을 날것으로 튀기면 어성초 특유의 냄새가 사라져 무리 없이 먹을 수 있다. 밑손질한 뿌리줄기와 잎은 초된장무침으로.

약용 6~7월의 개화기에 지하부를 채취하여 볕에 말린 것이 생약인 '십약'이다. 십약은 1일 20g을 3컵 분량의 물이 반으로 줄 때까지 달여 식간 3회로 나눠 복용한다. 이뇨와 변통에 좋고 고혈압의 예방에도 효과가 있다. 여드름과 습진에는 잎의 즙을 내어 외용한다.

삼백초

얼레지

분류	백합과	생약명	산자고(山慈姑)
별명	가재무릇, 얼네지

① 잡목림의 나무들에 새순이 올라오기 전 나뭇가지 사이로 햇살을 받으며 애잔한 꽃을 피우는 얼레지. 숲이 초록으로 물 드는 6월경이면 지상부는 홀연히 모습을 감추고 휴면한다.
② 잔설 속에 잎을 내민 얼레지. 이것은 꽃이 피지 않는 포기로, 6년 정도는 이 상태로 생육하고 7년째에 꽃을 피운다.
③ 얼레지를 데쳐 물에 헹군 다음 볕에 말린 것. 이것을 비닐봉지에 넣고 밀봉하여 저장한다.

    얼레지는 이른 봄에서부터 4월까지 잔설이 남아 있는 곳에서 눈을 뚫고 꽃대와 잎이 가지런히 나와 홍자색의 아름다운 꽃을 피운다. 더러 흰색의 꽃이 피는 것도 있다. 예부터 그 가련한 아름다움은 봄을 맞은 사람들의 시심(詩心)을 자극하며

많은 사랑을 받아 왔다.

얼레지는 비늘줄기를 가진 여러해살이풀로, 우리나라 전국 각지의 고산 지대 비옥한 습지에서 잘 자라는데, 유명한 분포지는 지리산·백양산·장수·광릉 등이다. 또한 일본에서는 홋카이도·혼슈·시코쿠·규슈에 분포한다. 볕이 잘 드는 잡목림 속 나뭇잎 사이로 햇빛이 새어드는 비탈에서 고개를 숙이고 있는 얼레지 꽃 군락을 만날 수 있다. 재배하기 쉬운 편은 아니지만, 많은 산야초 애호가에 의해 재배도 일부 이루어지고 있다.

꽃을 피우지 않는 어린 시절에는 잎이 1개지만, 7년째부터는 2개가 되면서 꽃이 피기 시작한다. 빠른 곳에서는 3월, 보통은 4~5월경에 꽃줄기가 자라 꽃잎이 뒤로 말려 있는 홍자색 꽃이 1송이 핀다. 봄에 일제히 꽃을 피우고 초여름 무렵에는 지상부가 시든다. 땅속에 흰색 장타원형의 비늘꼴 줄기가 있으며, 잎은 길이가 15cm 정도 되는데, 장타원형 또는 협난형으로 부드러우며, 담녹색에 엷은 보라색의 얼룩 무늬가 있다.

채취 3~5월경에 꽃이 핀 어린순을 채취한다. 다음해에도 즐길 수 있도록 지하부(비늘줄기)는 남겨 둔다.

밑손질 살짝 데쳐서 물에 행군다. 밑손질한 것을 볕에 말린 다음 비닐봉지에 넣어 밀봉하여 저장한다.

먹는 방법 밑손질한 것을 그대로 무치면 부드러운 단맛을 즐길 수 있다. 국을 끓여 먹거나 데쳐서 나물로 먹는다. 말려서 저장한 것은 물에 불려 조리거나 기름에 볶아 먹는다.

약용 잎이 시들기 전인 6월경에 비늘줄기를 채취한다. 물에 씻고 절구 등에 넣고 빻은 다음 물을 붓고 섞는다. 액체를 면포를 이용하여 걸

말린 얼레지 조림. 날것을 너무 많이 먹으면 설사를 하지만, 말린 것은 괜찮다.

채취한 얼레지   얼레지 무침

러내고 잠시 그대로 두면 흰 전분이 가라앉는다. 이것을 말린 것이 편률전분으로, 뜨거운 물에 녹여 먹으면 자양강장제 역할을 한다. 또 물로 반죽하여 습진 부위에 습포하면 효과가 있다.

얼레지 가루는 원래 이것을 가리키지만, 양산이 불가능하기 때문에 널리 시판되고 있는 것은 감자의 전분이 대부분이다.

●채취 방법

얼레지는 종자에서 꽃이 피기까지 7년이나 걸리는 생육이 느린 식물이기 때문에 해가 갈수록 군생지가 감소하고 있다. 따라서 가능하면 비늘줄기를 파내지 말고 잎 2개 중 1개와 꽃만 채취하도록 한다. 비늘줄기에 잎이 1개 붙어 있으면 다음해에도 꽃을 피울 수 있다.

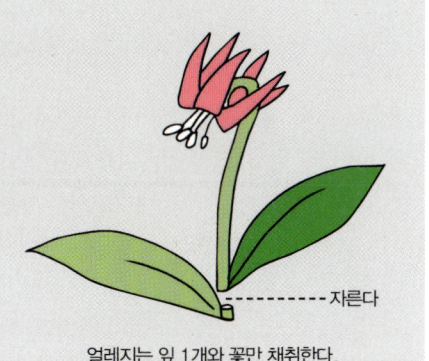

------- 자른다

얼레지는 잎 1개와 꽃만 채취한다.

엉경퀴

분류	국화과	생약명	대계(大薊)
별명	가시나물, 항가새		

① 4~5월 중부 지방 산기슭에 난 엉경퀴. 도톰한 잎은 깊이 패여 들어가 있으며 가장자리에 날카로운 가시가 나 있고 흰 솜털이 덮여 있다.
② 엉경퀴 꽃. 지름 4~5cm의 두상화로, 일반적으로 붉은 자주색이다.
③ 엉경퀴 전초. 한여름에 초록색 들판이나 산기슭 수풀을 아름다운 색으로 물들인다.
④ 지느러미엉경퀴. 엉경퀴에 비해 잎이 덜 도톰하고 색이 연하며, 줄기가 네모나 있다. 가시는 더 날카롭고 촘촘하다.
⑤ 지느러미엉경퀴꽃

짙은 녹색을 배경으로 붉은 자주색 꽃을 피워 여름의 산과 들을 수놓는 엉겅퀴는 우리나라와 일본 전역의 들판에 흔하게 분포하는데, 우리나라에는 약 30여 종, 일본에는 약 60여 종이 자생하고 있다. 약 300여 종의 엉겅퀴 중 30여 종이 식용 · 약용된다.

봄에 일찍 자라나는 잎은 뿌리에서 올라와 둥글게 배열되면서 땅을 덮는다. 줄기에 나오는 잎은 어긋나며, 모든 잎은 깃털 모양으로 중간 정도의 길이로 갈라지며 가장자리에는 결각과 같은 거친 톱니가 있고 가시가 나 있다. 잎 뒷면에는 흰 솜털이 깔려 있다. 5~6월에 수술과 암술로만 이루어진 붉은보랏빛 꽃이 줄기와 가지 끝에 한 송이씩 핀다.

봄철의 어린 잎을 나물 무침이나 국거리로 하며, 여린 뿌리는 튀김이나 장아찌로 만들어 먹는다. 줄기는 껍질을 벗겨 된장이나 고추장 속에 박아 두었다가 가끔씩 꺼내 먹기도 한다. 가시가 난 모양이 거칠어 보이지만 의외로 먹음직스럽다.

뿌리는 가을에 캐고 잎과 줄기는 꽃이 필 시기에 채취하여 햇볕에 말려 약으로 쓴다. 약리 실험에서 해열 · 지혈 · 혈액 응고 · 혈압 강하 작용이 있

엉겅퀴 줄기를 볶은 것. 쌉쌀한 맛과 식감이 입맛을 돋우는 데 제격이다.

음이 밝혀졌다.

채취 4~5월에 어린 줄기와 어린순을 채취한다.

밑손질 껍질을 벗기고 데친 뒤 물에 헹군다. 쓴 맛이 싫을 때는 물에 충분히 씻는다. 소금에 절여 저장할 수 있다.

먹는 방법 줄기는 머위처럼 조리거나 기름에 볶는다. 어린순은 물에 씻어 튀기거나 국건더기로 쓴다.

약용 4~5월에 엉겅퀴를 통째로 채취한다. 줄기와 잎을 말리지 않고 달인 액체는 이뇨에 효과적이라고 하는데, 확실치는 않다. 또한 달인 물을 습진이 있는 환부에 바르면 효과가 있다고도 한다. 한방에서 뿌리를 햇볕에 말려 약으로 쓰는데, 이뇨 효과가 있다. 1일 10g을 3컵 분량의 물이 반으로 줄 때까지 달여 식전이나 식간에 3회로 나눠 복용한다.

일본에서 채취한 부토
엉겅퀴의 어린 잎

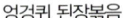

엉겅퀴 된장볶음

엉겅퀴의 어린 잎 튀김

● 엉겅퀴의 밑손질

1. 잎과 함께 껍질을 벗긴다

채취한 엉겅퀴는 될수록 빨리 밑손질을
한다. 잎자루를 잡고 아래쪽으로 당기
면 껍질을 깨끗이 벗길 수 있다. 상부에
있는 잎부터 아래쪽으로 순서대로 작업
한다. 엉겅퀴 종류는 모두 이 방법으로
껍질을 벗길 수 있으므로 기억해 두면
편리하다.

2. 소금물에 데친다

껍질을 다 벗겼으면 소금을 약간 넣어
서 끓인 물에 넣고 휘저으며 단시간에
데친다. 너무 오래 데치지 않도록 주의
한다.
데친 뒤에는 재빨리 건져내어 찬물에
씻는 것이 색감을 살리는 노하우. 이때
쓴맛도 함께 빠진다.

3. 찬물에 씻는다

볶거나 열을 가하면 거무스름하게 변색
하기 쉬우므로 찬물에 씻은 뒤에도 몇
차례 물을 갈아 주면서 얼마간 계속 담
가 두는 것이 포인트. 충분히 찬물에 담
근 다음 건져내어 조리한다.

오갈피나무

분류	오갈피나무과	생약명	오가피(五加皮)
별명	오가나무, 애기오갈피나무		

오갈피나무류를 통칭하는 속명 Acanthpanx는 가시라는 뜻의 아칸토스 (Acathos)와 인삼이라는 뜻의 파낙스(Panax)의 합성어이다. 우리나라와 일본, 중국 등지에서 식용·약용한다. 회백색의 가지에는 가시가 있고, 가늘게 가지를 치면서 2m 정도까지 자란다. 잎은 짙은 녹색으로, 긴 타원형의 작은 잎 5개로 이루어진 손바닥 모양의 겹잎이다. 6~7월경에 긴 꽃줄기가 자라 황록색 꽃잎 5개가 달린 작은 꽃이 산형꽃차례로 피고 나서 열매가 검게 익는다.

채취 4~6월에 어린순을 딴다.

밑손질 끓는 물에 소금을 넣고 데친다. 소금에 절여 저장할 수 있다.

먹는 방법 쌉싸래한 맛과 향기를 즐기려면 오가피밥이 좋다. 그 밖에 무침·깨소금무침·호두무침·조림·튀김으로.

약용 11~12월에 뿌리의 껍질을 채취하여 볕에 말린 것이 생약인 오가피로, 자양 강장제로 쓰인다. 말린 오가피 100g을 소주 1.8리터에 담가 반 년 정도 익힌 것을 취침 전에 1잔 정도 마시면 냉증, 불면증에 좋고 자양 강장에 효과적이다.

① 오갈피나무의 꽃
② 채취 시기가 된 오갈피나무의 어린잎
③ 오가피밥. 따끈따끈한 밥을 한 입 가득 넣으면 어린순의 신선한 향이 입 안에 퍼진다.

우산나물

분류	국화과
별명	토아산(兎兒傘)

① 숲에서 자라는 우산나물. 군생하고 있어 비교적 채취하기 쉽다.
② 우산나물의 어린순과 닭고기의 볶음. 시금치와 비슷한 식감으로, 볶음 요리에 잘 맞는다.
③ 어린순 튀김. 쓴맛이 약해져서 맛있다.

우리나라의 전역과 일본의 혼슈·시코쿠·규슈에 분포하는 여러해살이풀로, 산지의 숲 등에 많이 자생하고 있다.

봄에 나온 어린순은 흰 솜털로 덮여 있으며 그 모양이 마치 찢어진 우산을 접은 것처럼 독특하여 산야초 화분 등의 재료로 이용된다. 생장하면 높이 1m 전후가 되고 40cm까지 커지는 잎은 7~9개로 깊게 갈라진다.

여름에 꽃줄기가 길게 자라 붉은빛
을 띤 흰색의 작은 꽃이 원추꽃차
례로 핀다.

채취 4~5월에 어린순을 지표 부근
에서 꺾어 채취한다. 잎이 30cm 정도로 다 자라
기 전인 것은 채취 가능하지만, 너무 자라면 쓴맛이 강해지
므로 될수록 어린순을 따도록 한다.

밑손질 살짝 데쳐서 물에 헹군다. 대량으로 채취했을 때는 소금에 절여 저장할
수 있다.

먹는 방법 날것을 튀기면 쓴맛이 약해져서 무리 없이 먹을 수 있다. 밑손질한 것
은 겨자무침 · 깨소금무침 · 볶음 등으로 먹는다. 데치거나 볶을 때는 물러지지
않도록 재빨리 조리한다.

으름덩굴

분류	으름덩굴과	생약명	목통(木通)
별명	으름, 어름나무넌출, 목통실		

으름덩굴

어린순 무침은
쌉싸래한 맛과 향기가
술맛을 돋운다

주로 산지에서 잘 자라는 덩굴성 낙엽저목으로,
우리나라 황해도 이남 지역의 산과 들, 잡목림 등의
볕이 잘 드는 곳에 자생하고 있다. 일본에는 혼슈·시코
쿠·규슈에 분포한다.

덩굴이 다른 식물을 휘감고 올라가며 짧은 잎자루가 있는 타원형의 작은 잎이
달린다. 잎은 으름덩굴이 5개, 일본에서 자라는 세잎으름덩굴은 3개로 구성된다.

① 일본 도호쿠 지방의 특산 식물인 세잎으름덩굴의 어린순
② 끓는 물에 데쳐 헹군 뒤 무쳐 먹으면 아삭아삭한 식감을 즐길 수 있다.
③ 채취한 으름덩굴의 어린잎. 도호쿠 지방에서는 산나물의 원조로서 귀하게 여긴다.

모두 4~5월에 어두운 자줏빛 꽃이 핀다. 개화한 뒤 맺힌 열매가 익으면 세로로 갈라져 내부의 흰 과육이 엿보인다. 어린순과 열매를 먹는데, 일본 도호쿠 지방에서는 세잎으름덩굴을 별미로 치고 있다.

으름덩굴 열매에 고기를 채우고 기름에 볶은 요리

채취 3~6월에 어린순과 어린잎을 채취하고 가을에 열매를 수확한다. 봄에 산에 올라 햇볕이 잘 드는 곳에 들어서면 주위를 둘러보자. 나무를 휘감고 있는 덩굴에 어린잎이 달려 있는 으름덩굴을 발견하게 될지도 모른다. 어린잎은 잎자루째로, 덩굴 끝에 달린 어린순은 부드러운 부분을 잡아당겨 채취한다.

밑손질 어린순과 어린잎은 살짝 데쳐서 찬물에 헹구면 식감이 좋아진다. 소금에 절여 저장할 수 있다.

먹는 방법 어린순은 무침, 어린잎은 호두무침 · 겨자무침 · 조림 등으로. 어린순을 데쳐 꼭 짠 뒤 잘게 다져 볶은 된장과 함께 먹으면 그 쌉쌀한 맛이 술맛을 돋운다. 가을에 수확하는 열매는 달콤한 과육을 생식하고 과피도 식용한다. 다진 고기와 양파 등의 채소를 다져 기름에 볶으면서 약간 단맛이 나는 된장으로 간을 하여 과피에 채워 넣은 다음 연줄로 묶어 쪄 내면 쌉쓰레한 맛과 향기가 좋은 술안주가 된다.

약용 잎이 떨어지는 11월경에 으름덩굴의 덩굴을 채취한다. 직경 1~2cm 정도가 좋다. 이것을 약 2mm 두께로 썰어 햇볕에 말린 것이 목통이다. 신장염, 각기병, 방광염 등에 의한 부종 제거에 1일 15g을 3컵 분량의 물이 반으로 줄 때까지 달여 식간 3회로 나눠 복용한다.

① 으름덩굴과 다른 산나물을 다진 것. 쌉쌀한 맛이 술맛을 더해준다.
② 어린순을 재료로 한 요리. 어린순을 데쳐 물에 헹군 뒤 그릇에 담고 가운데에 계란 노른자를 떨어뜨린다. 어린순의 아삭한 식감에 노른자가 섞여 들어 절묘한 맛을 자아낸다.
③ 으름덩굴의 어린 열매를 달콤하게 조린 것

자운영

분류	콩과
별명	연화초, 홍화채, 쇄미제, 야화생

① 봄의 논을 홍자색 꽃으로 물들이는 자운영
② 예쁜 나비 모양의 꽃이 모여서 핀다.
③ 꽃은 살짝 데쳐서 물에 헹군 다음 초무침을 만들면 색이 더 살아난다.
④ 어린순의 무침. 쓴맛이 없고 담백하다.

　　오래 전 중국에서 건너온 두해살이풀로, 우리나라의 남부 지방 일대와 일본 각지의 논 지대에서 야생화한 것을 볼 수 있다. 자운영의 뿌리에 뿌리혹을 만드는 뿌리혹박테리아는 공중의 질소를 고정하기 때문에 논 등의 녹비(綠肥)로 널리 이용되어 왔다. 화학 비료의 보급과 함께 한동안 거의 이

③

용되지 않다가 최근 유기재배법이 확산되면서 그 가치가 재인식되어 벼를 수확한 뒤의 논에 자운영 종자를 뿌리는 농가가 늘고 있다.

가지가 갈라지면서 지면을 따라 벋다가 곧게 서서 10~25cm 높이로 자란다. 4~5쌍의 작은 잎으로 이루어진 기수우상복엽이며 4~5월경에 꽃줄기가 자라 홍자색 꽃이 산형으로 핀다. 드물게 흰색 꽃도 있다.

채취 4~5월에 어린순과 꽃을 채취한다.

밑손질 어린순과 꽃 모두 데쳐서 물에 헹군다.

④

먹는 방법 어린순은 마요네즈무침 · 깨소금무침 · 조림 · 버터볶음으로. 꽃은 초무침 등으로 눈을 즐겁게 한다.

약용 개화기에 지상부를 채취하여 볕에 말린다. 1일 10g을 3컵 분량의 물이 반으로 줄 때까지 달여 복용하면 해열, 이뇨에 좋다. 또한 말리지 않은 잎의 즙을 짜서 가벼운 화상에 외용하면 회복 속도가 빨라진다.

자운영꽃

잔대

분류	초롱꽃과	생약명	사삼(沙參)
별명	사삼, 딱주, 제니		

① 정원 나무 밑에서 자라는 잔대의 어린순. 채취하여 생으로 쌈을 싸 먹어도 좋고, 데쳐서 나물로 먹어도 맛있다.
② 잔대의 꽃. 종 모양의 꽃이 아름다워 관상용으로 재배하는 경우가 많다.
③ 잔대의 한 종류인 층층잔대의 꽃.
④ 잔대 뿌리. 단맛이 감돌고 은은한 향취가 있어서 껍질을 깐 뒤에 날것으로 된장을 찍어 먹거나 고추장구이를 만들어 먹는다. 뿌리 말린 것을 물에 달여 마시면 가래를 삭이는 데 좋다.

우리나라 전역에 분포하는 여러해살이풀로, 햇볕이 잘 드는 산기슭·들판·제방둑 등에 자생한다. 일본에서는 홋카이도·혼슈·시코쿠·규슈에 분포되어 있다.

어린 순과 뿌리는 은은한 향이 있고 맛이 좋으며 꽃이 아름다워 옛부터 식용·약용·관상용으로 이용해 왔다. 육질의 뿌리는 굵고 곧게 자라는데 묵은 뿌리는 더덕처럼 가로로 주름이 많이 져 있다. 줄기는 외대로 곧게 자라며 꺾으면 흰 유즙이 나온다.

뿌리 양념 구이는 도시인에게는 거의 알려지지 않은 별미 중의 별미

높이 40~100cm로 자라며, 한 포기에서 여러 대가 모여 난다. 잎은 긴 타원형이고 가장자리에 톱니가 있으며 대부분 돌려나지만, 마주나거나 어긋나는 것도 있다. 8~10월에 분지한 줄기 끝에 아름다운 종 모양의 분홍·연보랏빛·청자색 꽃이 핀다. 대부분 한 곳에 7~8개씩 모여 있어 찾기 쉬우므로 한 번에 충분한 양을 수확할 수 있다.

채취 4월경에 어린순을 꺾어 식용하고, 이른 봄 또는 줄기가 시든 가을에 뿌리를 채취하여 식용·약용한다. 군락을 이루어 자라므로 한꺼번에 많은 양을 채취할 수도 있다.

밑손질 데쳐서 물에 헹군다. 소금에 절이거나 말려서 저장할 수 있다.

먹는 방법 날것 그대로 쌈으로 먹기도 하고, 각종 무침 외에 조림이나 튀김으로 먹는다.

약용 11월에 뿌리를 채취하여 볕에 말린다. 거담, 진해에 1일 10g을 3컵 분량의 물이 반으로 줄 때까지 달여 입 안을 헹군다.

질경이

분류	질경이과	생약명	차전초(車前草), 차전자(車前子)
별명	배부장이, 길장구, 배짜개, 야지채		

① 이른 봄 질경이의 어린잎. 이 무렵부터 질겨지기 시작하므로 충분히 데쳐 밑손질을 해야 한다.
② 질경이의 친척인 창질경이
③ 초여름~가을에 꽃이 피고 열매가 맺는다. 약용으로는 이 시기에 지상부를 채취한다.

교외의 들판, 둑, 길가 등에서 흔히 볼 수 있는 여러해살이풀이다. 오래 전부터 아이들은 꽃줄기를 꺾어 상대와 십자로 건 다음 잡아당겨 먼저 끊어지는 쪽이 지는 '질경이 씨름'을 즐겨 왔다. 질경이는 이처럼 꽃줄기가 질긴 식물이지만, 어린잎은 식용하고 종자는 기침약으로도 쓸 만큼 유용하다.

> 질경이 묵나물은 질깃한 식감과 은은한 향취, 고소한 맛이 일품이다

우리나라 전국 각지의 들판이나 길가 등 햇볕이 잘 드는 곳에 분포하는 여러해살이 풀로, 일본의 홋카이도·혼슈·시코쿠·규슈·오키나와에 자생하는 등, 동아시아에 널리 분포한다. 잎은 긴 잎자루를 가진 달걀 모양이고 여러 개의 나란히맥이 있다. 꽃은 봄~가을에 20~40cm의 꽃줄기 윗부분에 수상꽃차례를 이루며 빽빽이 달린다. 개화 뒤 열리는 열

매는 갈색 삭과이다.

비슷한 종류로 귀화 식물인 창질경이가 있다. 유럽에서는 허브로 알려져 있으며 질경이와 마찬가지로 식용·약용할 수 있다.

질경이의 어린잎 튀김

채취 4~5월에 어린잎을 채취한다.

밑손질 끓는 물에 충분히 데쳐서 물에 헹군다.

먹는 방법 무침·깨소금무침·마요네즈무침 외에 조림으로 먹는다. 날것을 튀겨 먹을 수도 있다.

약용 개화기인 7월부터 열매를 맺는 10월경에 지상부를 채취하여 볕에 말린 것이 생약인 차전초이다. 기침·가래에 1일 10g을 3컵 분량의 물이 반으로 줄 때까지 달여 식간 3회로 나눠 복용한다.

또한 생약인 차전자는 가을에 열매 속의 종자를 채취한 것으로, 차전초와 같은 효과가 있다.

짚신나물

| 분류 | 장미과 | 생약명 | 용아초(竜牙草) |
| 별명 | 황화초, 선학초, 지동풍 |

① 짚신나물의 어린잎
② 꽃은 아래쪽부터 순서대로 핀다.

봄부터 여름에 걸쳐 긴 꽃이삭이 자라 작고 노란 꽃이 무리지어 피는 아름다운 풀꽃이다. 우리나라 전국 산지와 일본의 홋카이도·혼슈·시코쿠·규슈의 산림과 들판에 자생하는 여러해살이풀로, 30cm~1m까지 자라며 전체적으로 가는 털이 빽빽이 나 있다. 처음에는 줄기가 옆으로 벋어 나가다가 직립하여 생장한다. 잎은 긴 타원형이고 가장자리에 날카로운 톱니가 있는데, 이것을 용의 이빨에 비겨 용아초라는 생약명이 붙었다.

채취 4~5월에 어린잎을 딴다.

밑손질 데쳐서 물에 헹군다.

먹는 방법 무침이나 볶음으로 먹는다.

약용 꽃이 필 때 뿌리째 뽑아 볕에 말린다. 설사할 때 1일 15g을 3컵 분량의 물이 반으로 줄 때까지 달여 식후에 3회 복용한다.

청나래고사리

분류	면마과	**생약명**	관중(貫衆)
별명	포기고사리, 청나래개면마, 청날개고사리		

산중 저지대의 약간 습한 곳에
나는 청나래고사리. 이 무렵이
채취의 적기

▲ 청나래고사리의 잎은 섬세하고 아름다워 정원을 꾸미는 데도 쓰인다.

◀ 채취한 청나래고사리.
될수록 빨리 먹어야 맛이 좋다.

　청나래고사리는 풀고사리와 같은 여러해살이풀로, 산지의 숲 속에 난다. 주로 제주도와 금강산 이북에 나는데 그리 흔한 편을 아니며, 일본에서는 홋카이도·혼슈·시코쿠·규슈에 흔히 분포하고 있다. 우리나라에서 대량으로 수입하는 농산물이기도 하다.

　적설량이 많은 곳에 나는 청나래고사리는 눈이 녹자마자 싹이 나고 빠른 속도로 성장하는데, 아마도 그것이 부드럽고 싱싱한 맛의 비결인 듯하다.

　산지 잡목림 속의 습지에 군락을 형성하고 있다. 이른 봄에 새순이 나고 잎이 커지면 마치 소철의 잎과 같은 모습이 된다. 잎에는 식용하는 것과 포자를 만드는 것이 있는데, 포자엽은 여름이나 가을에 잎의 중심에서 나오기 때문에 봄에 채취할 때는 신경 쓰지 않아도 된다. 청나래고사리는 잎이 아름다워 일본 정원의 일부분을 장식하는 데 쓰이기도 한다.

① 깨소금무침. 아삭한 식감과 깨소금의 향이 잘 어울린다. 살짝 데쳐 물에 헹군 뒤 물기를 꼭 짜내고 먹기 직전에 무친다.
② 청나래고사리 튀김. 튀김옷을 얇게 입혀 170℃의 기름에 튀긴다.
③ 청나래고사리 무침. 너무 오래 데치지 않도록 주의한다.

채취 4~5월에 줄기의 잎자루 끝이 말려 있는 어린순을 채취한다. 눈이 많이 오는 도호쿠 지방에서는 키가 커져도 잎 끝의 부드러운 부분을 딴다. 일반적으로 군생하기 때문에 한 번에 많은 양을 수확할 수 있다. 채취할 때는 밑동을 쥐고 꺾는데, 다음 해를 위해 한 포기에 어린순 1~2개를 남겨 둔다.

밑손질 쓴맛이 없으므로 날것 또는 살짝 데치는 정도로. 소금에 절여 저장할 수 있다.

선명한 녹색,
향기, 식감.
삼박자를 갖춘
봄 산나물의 대표 주자

먹는 방법 마요네즈무침·깨소금무침·두부무침 등의 무침이 맛있다. 선명한 녹색이라 보기도 좋고 특유의 향과 식감이 있어 봄 산의 정취를 맛보는 매력이 있다. 날것을 튀겨 먹어도 좋다.

청나래고사리의 어린순

초롱꽃

분류	초롱꽃과, 산소채(山小茶)
별명	모과풍령초

① 6~7월에 피는 초롱꽃. 식초를 넣은 물에 살짝 데쳐서 샐러드로 만들 수도 있다.
② 초롱꽃 어린순
③ 초롱꽃의 어린잎 튀김. 잎이 두껍고 부드러워 맛이 좋다.

우리나라 남부와 중·북부 지역의 산과 들판의 볕이 잘 드는 곳에 자생하는 여러해살이풀이다. 일본 홋카이도·혼슈·시코쿠·규슈에 분포한다. 줄기는 곧게 서서 50~80cm까지 자라며 잎은 끝이 뾰족한 달걀 모양으로 어긋나고 잎자루에 턱잎 2개가 줄기를 감싸듯이 달려 있다. 초여름에 종 모양의 연한 홍자색 또는 흰색의 꽃(길이 4~5cm)이 핀다.

채취 4월경, 눈이 많은 곳은 5월에 어린순, 어린잎을 딴다.

밑손질 데쳐서 물에 헹군다.

먹는 방법 무침 외에 날것은 튀김으로, 꽃은 살짝 데쳐서 초무침으로.

칡

분류	콩과	생약명	갈근(葛根)
별명	칙, 칙덩불		

① 칡의 새순. 봄~초여름에 계속해서 올라오는 것을 채취한다.
② 칡의 꽃. 나비 모양의 꽃이 잎겨드랑이에 핀다.

튼튼한 덩굴을 벋어 다른 물체를 휘감아 올라가면서 세력을 넓히는 여러해살이 풀이다. 우리나라의 전역의 산기슭과 들판, 일본의 홋카이도·혼슈·시코쿠·규 슈·오키나와에 분포하는데, 잡목림·들판·길가의 수풀·빈터 등 장소를 가리지 않고 잘 자라기 때문에 조림지에서는 기피 식물로 취급받고 있다.

채취 봄~초여름의 어린순과 어린잎을 채취한다.

밑손질 데쳐서 물에 헹군다. 어린순은 털을 제거하면 쉽게 먹을 수 있다.

먹는 방법 무침·볶음·튀김 등. 꽃은 잘 데쳐서 물에 헹구어 초무침을 만든다.

약용 가을에 뿌리줄기를 채취하여 볕에 말린 것이 갈근으로, 감기약인 갈근탕의 주재료가 된다. 뿌리를 물에 씻어 전분을 추출한 칡가루를 뜨거운 물에 타서 마시면 발한 작용이 있어서 해열에 도움이 된다.

털머위

분류	국화과	생약명	탁오(橐吾)
별명	말곰취, 갯머위		

① 털머위의 줄기를 매콤달콤하게 조린 것
② 가을~겨울에 노란 국화 모양의 꽃을 피운다. 꽃봉오리와 꽃은 데쳐서 물에 헹구어 초무침으로 먹는다.
③ 털머위의 잎은 민간약으로, 말린 잎을 종기, 가벼운 화상, 쓸린 상처 등의 환부에 붙이면 회복이 빨라진다.

　머위(16쪽 참조)와 흡사하며 윤기 나는 잎을 가진 여러해살이풀이다. 예로부터 식용 외에도 종기나 가벼운 화상 등의 민간약으로 이용되어 왔다.

　우리나라의 경남 · 전남 · 울릉도와, 일본의 후쿠시마현 이서와 일본해 쪽의 이시카와현 이서의 해안 지대에 자생한다. 4월경에 시든 잎 사이에서 새순이 나온다. 10월경 40~70cm의 꽃줄기가 자라 노란 국화와 비슷한 꽃이 핀다.

　채취 봄에 어린 잎줄기를, 가을에 꽃과 꽃봉오리를 채취한다.

　밑손질 데쳐서 껍질을 벗긴다. 꽃과 꽃봉오리는 살짝 데쳐서 물에 헹군다.

　먹는 방법 머위와 마찬가지로 조림이나 튀김으로 먹는다. 꽃과 꽃봉오리는 튀김 · 초무침으로.

　약용 여름에 줄기와 잎을 채취하여 말린 것이 탁오로, 1일 10g을 2컵 분량의 물이 반으로 줄 때까지 달여 식간에 복용하면 위장에 좋다.

호장근

분류	마디풀과	생약명	호장근(虎杖根)
별명	감제풀, 싱아		

  어린 시절 강가에서 놀다가 목이 마르면 호장근을 꺾어 껍질을 벗기고 그 시큼한 맛을 즐겼던 경험이 있는 사람이 많을 것이다. 우리나라 전역에 분포하며, 일본의 홋카이도·혼슈·시코쿠·규슈에 분포하는 여러해살이풀이다. 인가 부근의 강가·황무지·산기슭 등에 자생하고 있다. 이른 봄에 주의 깊게 관찰하면 엄지손가락 한 마디 정도의 붉은 싹이 땅 위로 비죽이 나와 있는 것을 찾아볼 수 있다. 줄기는 속이 비어 있고 1.5m까지 자라며 끝이 뾰족한 달걀 모양의 잎이 어긋난다. 여름에는 희고 작은 꽃이 수상꽃차례로 핀다. 자웅이주로 암꽃과 수꽃이 다른 포기에 핀다.

  시큼한 맛은 수산에 의한 것이다. 지나치게 많이 먹으면 설사를 유발하므로 주의가 필요하다.

채취한 호장의 어린순

① 호장근의 어린순. 목이 마를 때 꺾어 먹으면 시고 상큼한 맛이 입 안을 적셔준다.
② 호장근의 새순. 이른 봄에 빨간 옷을 입고 얼굴을 내민다.
③ 사람 키만큼 자라며, 여름이 되면 줄기의 상부에 희고 작은 꽃이 수상꽃차례로 핀다.

채취 3∼5월에 어린순을 채취한다. 줄기에는 홍자색 반점이 있다.

밑손질 껍질을 벗겨 데쳐서 물에 헹군다. 소금에 절여 저장할 수 있다.

먹는 방법 밑손질한 것을 초무침·조림·볶음으로 만들면 씹는 맛이 좋은 반찬이 된다. 시큼한 맛이 나는 것을 그대로 소금에 절이면 정신이 번쩍 들만큼 신맛이 강해진다.

약용 가을에 뿌리줄기를 채취하여 물에 씻어 말린 것을 1일 8g을 3컵 분량의 물이 반으로 줄 때까지 달여 식간 3회로 나눠 복용하면 변비·월경 불순에 효과적이다.

④ 어린순 튀김. 튀기면 신맛이 약해진다.
⑤ 어린순의 초된장무침. 시원하고 깔끔한 맛이 난다.
⑥ 소금에 절인 것. 졸음이 달아날 정도로 시큼하다.
⑦ 어린순 볶음. 부드럽고 미끈미끈하며 적당하게 시큼한 맛이 입맛을 자극한다.

➕ 화단에 있는 약

화단이나 정원을 장식하는 아름다우면서도 뛰어난 효능을 가진 약초가 있다. 오래 전에 약초로 도래한 것이 관상용으로 재배되어 지금은 원예 화초로서 더욱 유명해진 것도 있는데, 그중 몇 가지를 소개한다.

작약

작약과의 여러해살이풀로, 중국에서 도래했다. 약용으로는 가을에 뿌리를 채취하여 물에 씻어서 말린 것을 위경련·신경통 등에 쓴다.

작약꽃

패랭이꽃

9월에 종자를 채취하여 볕에 말린다. 1일 3~5g을 2컵 분량의 물이 반으로 줄 때까지 달여 식간 3회로 나눠 복용하면 이뇨작용이 있어 부종에 효과적이다.

술패랭이꽃

꽈리

가지과의 여러해살이풀. 여름에 전체를 채취하여 볕에 말린다. 1일 10g을 3컵 분량의 물이 반으로 줄 때까지 달여 식후 3회로 나눠 복용하면 기침에 좋다. 단 뿌리는 자궁의 수축 운동을 왕성하게 하는 작용을 하므로 임부는 먹지 말아야 한다.

뇌향국화

국화과의 여러해살이풀. 개화기에 줄기와 잎을 채취하여 그늘에 말린다. 민간에서는 어깨결림·요통·타박상에 3줌 정도를 면포에 담아 입욕제로 쓴다.

사프란

붓꽃과의 여러해살이풀. 붉은 암술대를 그늘에 말려 약으로 쓴다. 민간에서는 월경불순·생리통에 1회 10개 정도를 1컵 분량의 끓는 물에 담가 추출하여 1일 1~2회 빈 속에 복용한다.

자란

난초과의 여러해살이풀로, 가을에 덩이줄기를 파내어 끓는 물에 30분 정도 데친 뒤 볕에 말린 것을 생약명으로 '백급'이라 한다. 민간에서는 위염에 1일 5g을 3컵 분량의 물에 달여 식간 3회로 나눠 복용한다.

제3장

여름에 만나는 나물

한여름
초록 들판이
선물하는
풍미

닭의장풀

분류	닭의장풀과	생약명	압척초(鴨跖草)
별명	달개비, 닭의밑씻개		

① 파란 꽃이 아름다운 닭의장풀. 집 주변에 심고 싶을 때는 새싹 부분을 잘라 땅에 심어 뿌리를 낸 뒤 옮겨 심는다.
② 닭의장풀 꽃
③ 닭의장풀의 생강간장무침

청초한 파란 꽃이 아름다운 한해살이풀이다. 꽃은 이른 아침에 피었다가 오후가 되면 시들어 버린다. 우리나라 전역의 빈터, 교외의 농경지, 둑 등의 볕이 잘 드는 곳에 군락을 이룬다. 일본 홋카이도 · 혼슈 · 시코쿠 · 규슈에 분포한다. 6~9월경에 독특한 나비 모양의 파란 꽃이 연달아 핀다.

채취 5~6월에 어린순을 딴다. 새로 자란 줄기 끝의 부드러운 잎이라면 봄~가을에 언제든 채취할 수 있다.

밑손질 데쳐서 물에 헹군다.

먹는 방법 잎은 부드럽고 담백하므로 생채나 샐러드를 만들어 먹어도 좋고, 겨자무침 · 초무침도 어울린다. 날것은 튀김이나 버터볶음으로.

약용 봄~가을에 지상부를 잘라 볕에 말린다. 목이 아플 때 15g을 3컵 분량의 물이 반으로 줄 때까지 달여 입 안을 헹구면 효과적이다. 습진 등의 피부병에는 2줌 정도를 면포에 넣어 입욕제로 사용한다.

바위떡풀

분류	범의귀과
별명	털바위떡풀

여름에 큰대(大)자와 비슷한 꽃이 피어 일본에서는 '대문자초'라고도 한다. 꽃은 원래 흰색이지만, 원예적으로 개량되어 붉은빛을 띠는 것도 있다. 잎의 색도 다양하여 관상용 산초로서 인기를 끌고 있다. 우리나라 전역의 산지에서 자라며 일본의 홋카이도·혼슈·시코쿠·규슈에 분포하는 여러해살이풀로, 산간의 약간 습한 절벽 부근, 바위가 많은 곳에 자생하며 높이는 20~30cm이다. 긴 잎자루를 가진 잎은 원형이고 8~10개의 얕은 톱니가 있다. 잎의 표면은 윤기가 있고 뒷면에는 가는 털이 나 있다.

채취 6~10월에 걸쳐 잇달아 나오는 어린잎을 채취한다. 뿌리는 남겨 둔다.

밑손질 데쳐서 물에 헹군다.

먹는 방법 쓴맛이 없고 담백하여 깨소금무침·호두무침·겨자무침 등의 무침에 어울린다. 바위취(130쪽 참조)와 마찬가지로 날것을 튀겨 먹기도 한다.

▲ 바위떡풀 튀김. 튀김옷을 얇게 입혀 바삭하게 튀긴다.

◀ 바위떡풀의 어린잎

바위취

분류	범의귀과	생약명	호이초(虎耳草)
별명	범의귀, 왜호이초, 등이초, 석하엽		

상록성 여러해살이풀로, 우리나라의 중부 이남의 산지부터 평지의 습한 그늘에 자생하며 군락을 이룬다. 일본의 홋카이도·혼슈·시코쿠·규슈에 분포한다. 잎은 둥근 신장 모양이고 가는 털이 빽빽이 나 있으며 표면에는 흰 줄무늬가 있고 뒷면은 자줏빛을 띤 붉은색이다. 5~7월에 꽃줄기가 자라 아래쪽의 꽃잎 2장이 더 큰 흰 꽃이 핀다.

채취 언제든지 잎을 채취할 수 있다.

밑손질 데쳐서 물에 헹군다.

먹는 방법 깨소금무침·겨자무침 외에 날것은 튀김으로.

약용 1년 내내 잎을 채취할 수 있다. 생약인 호이초는 잎을 볕에 말린 것. 부종 제거에 1일 10g을 3컵 분량의 물이 반으로 줄 때까지 달여 식간에 3회로 나눠 복용한다. 피부병에는 말리지 않은 잎을 갈아서, 화상에는 잎 전체를 불에 구워 환부에 붙인다.

▲ 튀김. 잎 뒷면에 튀김옷을 발라 바싹 튀긴다.

◀ 둥근 잎의 형상을 호랑이의 귀에 비겨서 '호이초'라는 생약명이 붙었다.

비름

분류	비름과
별명	비름나물, 비듬나물

유럽에서 귀화한 한해살이풀이 야생화한 것으로, 우리나라 전역의 인가 부근의 빈터·길가·밭 등에 자생하고 있다. 일본 홋카이도~규수 지방에 분포한다.

키는 20~40cm로, 줄기는 밑동에서 가지를 치며, 둥그스름한 네모 모양의 잎이 어긋난다.

여름에 줄기의 끝과 잎의 밑동에 꽃이삭이 맺히고 작은 녹색 꽃이 무리지어 핀다. 타이완이나 중국, 말레이시아 등지에서는 여름 채소로 가꾼다고 한다.

여름에 작은 녹색 꽃을 수상꽃차례로 피우는 개비름. 꽃이 진 뒤 열매를 맺고 여름에 종자가 떨어지면 금세 발아하여 가을에 또 꽃이 핀다.

채취 5~10월에 갓 나온 어린잎을 채취한다.

밑손질 데쳐서 물에 헹군다. 말려서 저장할 수도 있다.

먹는 방법 의외로 쓴맛이 없어 고추장무침·깨소금무침·호두무침·마요네즈무침·겨자무침 등의 무침류에 어울리며, 조림·버터볶음, 날것은 튀김 등으로 폭넓게 이용할 수 있다.

비비추

분류	백합과
별명	장병옥잠, 장병백합, 옥잠화

① 비비추. 눈이 많은 지방에 자생하는 것은 생육이 빠르다.
② 잎이 열리기 직전의 어린순
③ 비비추 꽃봉오리의 드레싱무침
④ 비비추의 꽃
⑤ 비비추 어린잎에 고기를 채워 넣은 말이
⑥ 어린순 무침
⑦ 어린순에 깨소금을 뿌린 것

비비추는 종류가 많고 잎 모양도 아름다워 정원
한 구석을 장식하는 데 이용되고 있다. 우리나라
전역에 분포하며, 일본에서도 널리 분포하는 여
러해살이풀이다. 산지의 바위가 많은 곳, 초원,
계곡 등 습기가 있는 양지 또는 음지에 자생하며
군락을 만든다.

상큼한 풍미와
점성이 특징인
어린순은 이용 범위가
넓은 식재료

　잎은 뿌리에서 돌아 자라는데, 계란 모양의 타원형이고
긴 잎줄기가 달려 있다. 7월에 긴 꽃줄기가 자라 연자주색 꽃이 밑을 향하여 핀다.

채취 5~6월에 어린 줄기와 잎을 채취한다.

밑손질 데쳐서 물에 헹군다. 수확량이 많을 때는 소금에 절여 저장할 수 있다.

먹는 방법 데쳐서 무치면 독특한 점성과 식감을 즐길 수 있다. 된장국도 맛있다.

약용 부스럼에 전초를 채취한 뒤 볕에 말려 1일 10g을 3컵 분량의 물이 반으로
줄 때까지 달여 환부를 씻는다. 또는 생잎 즙을 내어 환부에 바른다. 말린 꽃은
1일 10g을 3컵 분량의 물이 반으로 줄 때
까지 달여 식간 3회로 나눠 복용하면 이
뇨에 효과적이다.

쇠비름

분류	쇠비름과
별명	오행초, 마치채, 산산채, 장명채, 돼지풀, 도둑풀, 말비름

① 쇠비름. 개화 전에 채취한다.
② 쇠비름 조림
③ 말린 쇠비름은 삶아서 물에 헹군다. 삶을 때는 물이 넉넉하게 담긴 냄비에 넣고 불에 올려놓은 다음 손으로 비벼서 풀어준다.

우리나라 전국 각지 볕이 잘 드는 밭둑이나 황무지에 자생하는 한해살이풀이다. 일본 홋카이도·혼슈·시코쿠·규슈·오키나와에 분포한다. 번식력이 왕성하여 저절로 땅에 떨어진 씨가 밭이나 정원까지 침범하는 잡초지만, 의외로 맛이 좋다. 비타민C와 미네랄을 많이 함유하고 있다. 전체가 다육질이고 적갈색 줄기는 윤기가 나며 분지하면서 비스듬히 옆으로 퍼진다. 잎은 주걱 모양이며 두껍고 마주난다. 여름~가을에 줄기의 끝부분에 지름 7mm 정도의 노란 꽃이 핀다.

채취 7~9월에 개화 전의 지상부를 칼로 자른다.
밑손질 데쳐서 물에 헹군다. 저장할 때는 데친 것을 말린다.
먹는 방법 겨자간장무침이 가장 일반적이고 그밖에 초된장무침·조림으로도 먹는다. 점성이 있는 독특한 풍미를 자랑한다. 말린 것은 삶아서 물에 헹군 다음 조림이나 깨소금무침으로.

청미래덩굴

분류	백합과	생약명	발계(菝葜)
별명	망개나무, 명감나무		

① 가을에 붉게 여문 청미래덩굴의 열매. 생식할 수도 있고 약용주로도 이용할 수 있다.
② 청미래덩굴의 덩굴은 튼튼하고 가시가 나 있다.
③ 익기 시작하는 청미래덩굴 열매

　우리나라 중부 이남의 산기슭과 언덕에 자생하며, 일본 홋카이도·혼슈·시코쿠·규슈에 분포하는 자웅이주의 덩굴성 저목이다. 잎은 끝이 뾰족한 달걀 모양이며 잎자루의 하부에 있는 턱잎이 덩굴손이 되어 자란다. 초여름에 황록색 꽃을 피우고 암그루는 열매를 맺으며 가을에 붉게 익는다.

　채취 6월경, 따뜻한 지역은 5월경부터 어린잎을 딴다.
　밑손질 살짝 데쳐서 물에 찬물에 헹군다.
　먹는 방법 쓴맛이 없으므로 무침·볶음으로 먹는다.
　약용 가을에 뿌리줄기를 채취하여 잘게 썰어 볕에 말려 약으로 쓴다. 부종·여드름에 1일 10g을 2컵 분량의 물이 반으로 줄 때까지 달여 식간에 3회로 나눠 복용한다.

치자나무

분류	꼭두서니과	생약명	산치자(山梔子)
별명	치낭, 산치, 치자화		

①

흰 꽃에서 달콤한 향기를 풍기는 치자나무는 정원수로 이용되는 경우가 많다. 또한 열매는 약용으로도, 밤밥 등을 노랗게 물들이는 데도 쓰인다. 꽃도 식용한다.

우리나라 경상남도와 전라남도에서 볼수 있으며, 일본에는 혼슈·시코쿠·규슈·오키나와에 분포하는 상록저목이다. 윤기 나는 잎은 긴 타원형이고 마주난다. 꽃은 6~7월에 피고 홑꽃과 겹꽃이 있다. 식용에는 양쪽 다 이용할 수 있지만, 약용에는 홑꽃이 쓰인다.

채취 꽃을 채취한다.

밑손질 살짝 데친다.

먹는 방법 드레싱무침·조림으로.

약용 11월에 잘 익은 열매를 채취하여 2~3분 끓는 물에 담근 뒤 그늘에 말린다. 민간에서는 말린 열매를 가루 내어 밀가루와 식초를 섞어 반죽하여 타박상이나 염좌 등에 붙인다.

② ③

① 익기 전의 푸른 치자 열매
② 겹꽃이 피는 치자나무. 향기는 좋지만, 열매는 이용하지 않는다.
③ 꽃의 깨소금간장무침. 씹는 맛과 점성이 있다.

큰조롱

분류	박주가리과
별명	은조롱, 새박풀, 하수오

① 큰조롱의 꽃. 꽃이 진 뒤 맺히는 열매는 튀겨 먹는다.
② 큰조롱 덩굴

　우리나라가 원산지이며, 일본 혼슈・시코쿠・규슈에 분포하는 덩굴성 여러해살이풀이다. 평지부터 산야의 길가, 덤불 등에 자생하며, 잡초로 보고 지나쳐 버리는 경우가 많지만, 여름에 주의해서 살펴보면 작지만 아름다운 꽃이 핀다.

　땅속줄기는 길고 굵으며 줄기는 다른 식물을 휘감으면서 약 2m까지 자란다. 긴 심장 모양의 잎이 어긋나며 여름에 잎의 밑동에서 꽃자루가 나와 가는 털로 덮인 연한 황록색 꽃(꽃잎은 5장)이 핀다. 줄기와 잎을 자르면 흰 즙이 나온다.

　채취 늦은 봄~초여름에 나오는 어린순을 채취한다. 단 뿌리줄기에는 독성이 있으므로 함부로 식용하지 않는다.

　밑손질 데쳐서 물에 행군다.

　먹는 방법 약간 단맛이 있어 마요네즈무침・깨소금무침・두부무침 등의 무침류에 어울리며 날것은 튀김・버터볶음으로 먹어도 맛있다.

하눌타리

분류	박과
별명	하눌타리, 과루등, 하늘수박, 천선지루

① 하눌타리 잎은 둥글고 단풍잎처럼 5~7갈래로 갈라져 어긋난다.
② 가을에 붉게 익은 하눌타리의 열매. 드라이플라워로도 이용된다.
③ 밤에 피는 하눌타리의 꽃

가을에 낙엽이 떨어질 무렵 잡목림 등에서 눈길을 끄는 빨간 열매를 맺는 덩굴성 여러해살이풀이다.

우리나라 중부 이남의 마을 주변과 들에 난다. 일본의 홋카이도·혼슈·시코쿠·규슈에 분포하며, 볕이 잘 드는 시골의 산길 등에서 흔히 볼 수 있다. 잎은 심장 모양이고 여름~초가을에 잎의 밑동에 꽃잎 끝이 레이스 모양인 흰 꽃이 핀다. 꽃은 저녁에 피었다가 다음날 아침에 시든다. 자웅이주로, 암그루는 꽃이 진 뒤 열매를 맺으며 가을에 붉게 여문다.

채취 5~8월에 어린잎을 딴다.

밑손질 데쳐서 물에 헹군다.

먹는 방법 깨소금무침·마요네즈무침 등의 무침 외에 날것은 튀김으로. 초가을 여물기 전의 푸른 열매는 소금에 절여 저장한다.

정원에 있는 약

몸에 좋은 매실은 예로부터 매실장아찌나 과실주 등을 담그는 데 쓰였다. 이 밖에도 정원을 둘러보면 약이 되는 꽃나무가 많이 있다. 주변에 있는 유용한 정원수를 소개한다.

금목서

물푸레나무과의 상록수. 가을에 향기가 나는 작은 주황색 꽃이 무리지어 핀다. 이 꽃을 그늘에 말려 30~50g을 알코올 35도의 소주 1.8리터에 담가 3개월간 둔다. 소화불량에 1잔씩 복용한다.

동백나무

가볍게 벤 상처에 잎을 씹어 바르면 지혈 작용이 있다. 말린 꽃봉오리를 차로 끓여 마시면 자양에 도움이 된다. 종자에서는 동백기름을 추출한다.

마삭줄

협죽도과의 덩굴성 상록수. 여름에 채취하는 줄기와 잎에 약효가 있다. 해열에 사용하지만, 초보자는 위험을 동반하므로 약용은 삼가고 꽃의 관상만으로 만족하는 것이 좋다.

매화나무

덜 익은 매실을 따서 설탕에 재워 발효시키면 매실청이 나오는데, 숙취 해소, 식중독 예방 효과가 있다. 또한 노랗게 익기 시작한 매실을 따서 알루미늄 포일로 싸서 불에 구운 다음 찻잔에 1~2개 넣고 뜨거운 물을 부어 마시면 발한을 촉진한다.

명자나무

장미과의 낙엽수. 약용으로는 여름에 채취하는 파란 열매를 쓴다. 둥글게 썬 열매 800g을 알코올 35도의 소주 1.8리터에 담가 1년간 둔다. 피로 회복, 불면증, 저혈압에 취침 전에 1잔씩 복용한다.

산사나무

장미과의 낙엽수. 5월에 흰 꽃이 피고, 9~10월에 열매가 익는다. 열매에는 비타민C가 풍부하며, 한방에서는 가을에 채취하여 말렸다가 소화불량·장염·요통·하복통 등에 치료제로 사용한다. 날것 그대로 먹거나 술을 담가 먹는다.

오미자

10~11월에 작고 붉은 열매가 포도송이처럼 열린다. 열매는 5가지 맛이 나서 오미자로 부르는데, 이것을 말려 1일 5g을 2컵 분량의 물이 반으로 줄 때까지 달여 식간에 세 번으로 나누어 마시면 기침이 멎고 강장에 효과적이다.

제4장
가을에 만나는 나물

결실의
계절이 주는
선물

마름

분류	마름과
별명	말율(末栗) · 수율(水栗)

우리나라 우리나라 각지의 수심 2m 정도의 연못이나 늪에 자생하는 한해살이 풀이다. 일본 홋카이도·혼슈·시코쿠·규슈에 분포한다. 수생의 뿌리는 진흙 속에 있고, 줄기는 수면까지 자라 많은 잎이 사방으로 퍼진다.

매년 수중에 떨어진 종자에서 싹이 나온다. 가는 줄기에서 잎줄기를 벋어 폭이 넓은 마름모꼴 잎이 달린다. 잎자루에는 방추형 공기 주머니가 있으며 잎의 뒷면과 잎자루에 긴 털이 나 있다.

여름~가을에 수면에 떠 있는 잎의 겨드랑이에서 꽃줄기가 나와 흰색 또는 담홍색의 작은 꽃이 핀다. 수중에서 자라는 열매는 날카로운 가시가 2개 나 있고 단단하며 가을이면 여물어 검어진다.

채취 9~10월에 열매를 채취한다.

밑손질 껍질을 벗긴다.

먹는 방법 조림이나 볶음 또는 삶거나 쪄서 먹는다. 설탕에 조려 저장할 수도 있다.

▲ 마름의 열매. 폭은 4cm 정도이고 단단한 껍질에 싸여 있다.

◀ 잎은 3~5cm이고 가장자리에 톱니가 있다.

번행초

분류	석류풀과	**생약명**	번행(蕃杏)
별명	번향, 법국파채		

① 번행초의 꽃
② 제주도에서는 겨울에도 푸르다.
③ 번행초의 어린잎. 유럽에서는 채소로 재배되고 있다.

　　우리나라의 중부 이남 지역 특히 바닷가 모래땅에서 잘 자라는 여러해살이풀로 제주도에 흔하다. 줄기는 옆으로 벋다가 분지한 끝부분이 일어서서 높이 50cm 정도까지 자란다. 잎은 삼각형이고 두꺼우며 표면이 까칠까칠하다. 봄~가을에 작고 노란 꽃이 핀다.

채취 봄~가을에 어린잎과 줄기의 끝을 채취한다.

밑손질 데쳐서 물에 헹군다.

먹는 방법 무침 · 볶음 · 국건더기 외에 날것은 튀김으로.

약용 봄~가을에 지상부를 채취하여 볕에 말린다. 위염에 1일 15g을 3컵 분량의 물이 반으로 줄 때까지 달여 식간 3회로 나눠 복용한다.

산백합

분류	백합과
별명	참나리, 산나리

삼나무 숲의 잡초 사이로 크고 흰 꽃을 피운 산백합

여름에 산길을 걷다 보면 햇살이 간간이 스며드는 나뭇잎 사이로 키가 껑충하게 큰 흰 꽃을 만날 수 있는데 바로 산백합이다.

산백합은 원래 관상용으로 재배하던 것이 자연으로 퍼졌다. 땅속의 비늘줄기 여러 조각이 합쳐져서 하나의 뿌리가 되었기 때문에 백합(百合)이라는 이름이 붙여졌다.

키는 1.5m 전후로, 여름에 희고 큰 꽃(꽃잎은 6장)이 피는데, 안쪽에 노란 줄과 붉은 반점이 있고 향기가 강하다. '1송이에 1년'이라 흔히 말하듯이 꽃송이가 많을수록 비늘줄기가 크다.

채취 가을~봄에 비늘줄기를 채취한다.

밑손질 비늘줄기의 뿌리를 제거하고 물로 깨끗이 씻은 뒤 1장씩 벗겨서 술을 넣고 데친다.

먹는 방법 비늘줄기를 중불에서 달게 조려 그래뉴당을 뿌린 요리는 투명감이 있고 보기에 예뻐서 디저트로 인기다. 영양밥이나 조림에도 어울린다. 또한 날것

> 양질의 전분이
> 들어 있는
> 산나리의 뿌리는
> 조림이나 튀김이
> 맛있다

① 산나리의 비늘줄기. 위아래에 뿌리가 있다.
② 산나리의 열매. 여물면 안에서 납작한 종자가 튀어 흩어져 번식지를 넓힌다.

① 비늘줄기의 설탕조림. 비늘줄기를 데쳐서 물에 씻은 다음 설탕을 넣고 조린다. 마지막으로 그래뉴당(Granulated Sugar : 싸라기 설탕 중 결정이 가장 작은 설탕. 백설탕보다 순도도 높고 물에 더 잘 녹는다.)을 그 위에 뿌린다.
② 산나리 꽃봉오리의 양파드레싱무침. 꽃봉오리는 데친 뒤 30분 정도 물에 담가 쓴맛을 없앤다.
③ 산나리 뿌리 튀김. 소금을 찍어 먹으면 단맛이 더욱 두드러져 맛있다.
④ 간장과 맛술로 맛을 낸 조림

을 튀겨 먹으면 포근포근한 식감을 즐길 수 있다.

약용 비늘줄기를 1장씩 벗겨서 볕에 말린다. 타박상, 종기, 부스럼 등에 가루를 낸 것에 식초를 넣고 반죽하여 환부에 습포한다. 1일 2~3회 갈아준다.

연(연꽃)

분류	수련과	생약명	연근(蓮根), 연실(蓮實), 하엽(荷葉)
별명	연		

우리나라 전역의 연못이나 늪에 자생하거나 재배되고 있으며, 일본의 홋카이도·혼슈·시코쿠·규슈에 분포하는 여러해살이풀이다. 봄에 땅속줄기에서 싹이 나와 첫번째 잎은 수면에 떠 있지만, 이후 긴 잎자루가 달린 잎이 물 위로 자라난다. 둥근 잎은 지름이 40~50cm로, 여름에 긴 꽃줄기가 나와 아름다운 꽃이 한 송이 핀다. 열매는 견과이고 종자는 꽃받침의 구멍에 들어 있다.

연꽃과 꽃받침. 늦가을에 잘 여문 열매를 볶아 먹으면 자양 강장에 유효하다.

채취 11월부터 다음해 2월경까지 뿌리줄기를 채취한다. 열매는 8~11월에 꽃턱과 함께 채취한다.

밑손질 뿌리줄기인 연근을 데쳐서 물에 헹군다.

먹는 방법 연근은 껍질을 벗겨 조림·초무침·볶음 등으로. 어린 열매는 밥에 넣어 먹는다.

약용 열매를 볶아 먹으면 자양 강장에 좋다. 뿌리줄기는 1일 20g을 잘게 썰고 2컵 분량의 물이 반으로 줄 때까지 달여 식후 3회로 나눠 복용하면 지사제 역할을 한다.

한여름에 분홍색의 아름다운 꽃이 핀다.

참마

분류	마과	생약명	산약(山藥)
별명	일본서여, 마, 죽근여		

① 암그루는 가을이 되면 잎겨드랑이에 육아가 맺힌다.
② 뿌리줄기는 부드러워서 쉽게 끊어지므로 조심해서 채취한다.
③ 뿌리줄기의 윗부분에는 수염뿌리가 나 있으므로 채취한 뒤 이 부분을 다시 심어 두는 것이 좋다.

채취 시
끈기가 필요하지만
자양 강장에 탁월한
'맛좋은 약'이다

예로부터 '참마를 먹으면 정력이 좋아진다'는 말이 전해질 정도로 자양 강장 효과가 뛰어나다. 한방의 세계에서도 산약이라 불리며 자양 강장에 사용하고 있다.

우리나라 전역의 산지와 언덕에 자생하는 덩굴성 여러해살이풀이로, 풀숲에서 다른 나무를 휘감으며 자란다. 일본의 혼슈·시코쿠·규슈에 분포한다.

잎은 끝이 뾰족한 심장 모양이고 마주나며 여름에 잎겨드랑이에 꽃이삭이 달린다. 자웅이주로, 가을에는 암그루에 육아(肉芽)가 맺힌다. 겨울이 되면 지상부는 모습을 감추고 지하에 있는 뿌리만으로 겨울을 나며 봄에 다시 뿌리 윗부분에서 발아한다. 뿌리의 양분을 사용하여 생육하므로 여름에는 뿌리의 껍질만 남지만, 가을에는 다시 큰 뿌리로 자라난다. 돌 등의 장애물이 없으면 해마다 커져 1m 이상의 곧게 벋은 뿌리줄기로 성장하게 된다.

④ 땅속에서 캔 참마. 작년에 생긴 흔적인 뿌리줄기의 껍질(왼쪽 것)이 붙어 있다.
⑤ 참마를 채취할 때는 삽, 흙손 등의 도구가 있으면 편리하다. 캐낸 구멍은 반드시 원래 상태로 해 놓는다.

채취 가을에 육아를, 가을~겨울에 뿌리줄기를 채취한다. 지상부가 시들면 위치를 알 수 없게 되므로 미리 표시를 해 둔다. 뿌리줄기는 잘 부러지므로 살살 캐낸다.

밑손질 육아는 소금물에 데쳐 쓴맛을 뺀다.

먹는 방법 육아는 밥을 짓거나 볶음·튀김으로 먹는다. 뿌리줄기는 맑은 장국

외에 갈아서 김에 말아 기름에 튀기거나 굵게 채를 썰어 샐러드 · 튀김 등으로.

약용 11월경에 뿌리줄기를 채취하여 겉껍질을 벗기고 볕에 말린 것이 생약인 산약으로, 한방에서 자양 강장의 목적으로 처방된다. 민간에서는 잘 때 식은땀이 나거나 야뇨증에 날것을 알루미늄 포일에 싸서 구운 것을 매일 먹으면 효과가 있다고 한다.

① 각종 버섯과 함께 지은 참마밥
② 참마를 넣은 산나물 샐러드
③ 참마를 넣은 수제비
④ 참마 육아 튀김. 포근포근하고 맛있다.
⑤ 참마와 파 튀김

알아두어야 할 주변의 독초

산나물과 비슷한 독초가 있다. 각 식물의 항에서도 혼동하지 않도록 설명한 바 있으나, 여기서는 그 밖의 독초까지 포함하여 소개하겠다. 맹독을 가진 식물도 있으므로 충분히 주의를 기울여야 한다.

독미나리

맹독을 가진 미나리과의 여러해살이풀. 전국의 습지·시냇가·도랑 등에 자생하고 있어 미나리와 혼동하기 쉽다. 독미나리는 미나리보다 크고 죽순 비슷한 모양의 굵은 땅속줄기가 벋어 있다. 전초, 특히 땅속줄기에 맹독인 시쿠톡신이 있어 잘못 먹으면 근육 마비를 일으켜 사망한다.

대극

대극과에 속하는 여러해살이풀로, 산과 들에서 자생하며 다 자라면 키가 80cm 정도 된다. 줄기가 곧고, 밑부분에서 가지를 치며, 잘랐을 때 흰 유액이 나온다. 잎은 어긋나고, 원줄기 윗부분에서 5개의 잎이 돌려나는 것이 특징이다. 독성이 아주 센 유독 식물로서, 탈수 및 강한 설사 작용을 일으킨다.

마취목

진달래과의 상록수로, 방울처럼 생긴 예쁜 꽃이 피어 정원수나 산울타리로 사용된다. 비슷한 종류로 오키나와마취목, 타이완마취목이 있다. 식물 전체에 강한 독성분이 함유되어 있어 먹으면 구토와 설사를 일으킨다.

미국자리공

전국의 들판에 자생하는 자리공과의 여러해살이풀이다. 높이는 1m 이상이며 긴 타원형의 잎이 어긋나고 여름에 작고 흰 꽃이 총상꽃차례를 이루며 핀다. 열매는 가을에 적갈색으로 여문다. 자리공이라는 이름 때문에 식용해도 괜찮을 것 같지만, 전초, 특히 뿌리에 질산칼륨 등의 독성 분을 함유하고 있어 먹으면 구토·설사·마비를 일으킨다.

미나리아재비

햇볕이 잘 드는 들판이나 산야에 자생하는 여러해살이풀이다. 긴 잎줄기가 달린 근출엽이 자라며 30~50cm의 줄기를 벋어 3갈래로 깊게 갈라진 잎이 어긋난다. 초여름에 피는 노란 꽃(꽃잎은 5개)은 윤기가 난다. 전초에 독이 있어 먹으면 입과 위가 짓무르고 혈변이 나온다.

미치광이풀

가지과의 여러해살이풀로, 숲속이나 계곡 근처에 자생하고 있다. 땅속에 굵은 땅속줄기가 벋고 높이 30~50cm까지 자라며 봄에 종 모양의 어두운 홍자색 꽃이 밑을 향해 핀다. 전초에 맹독인 알칼로이드를 함유하고 있어 먹으면 호흡 마비를 일으켜 사망한다.

박새

비비추(132쪽 참조)의 어린순과 혼동하여 식용하기 쉬운 독초이다. 베라트라민 등의 유독 성분은 혈압을 떨어뜨리고, 현기증·탈진·더 나아가 호흡 마비를 일으켜 사망하는 경우도 있다. 산지의 습한 곳에 자생하고 있다. 60cm~1m까지 생장하며 폭이 넓은 타원형 잎이 달리고 초여름에 사진과 같은 꽃을 피운다. 쓴맛이 난다.

백양꽃

수선화과의 여러해살이풀로, 전국의 야산에 자생하고 있다. 8~9월에 꽃줄기가 40cm 정도 벋어 주황색 꽃(꽃잎은 6개)을 피운다. 전초에 알칼로이드인 리코린이 함유되어 있어 먹으면 구토, 설사, 경우에 따라서는 경련을 일으켜 사망하게 될 수도 있다.

복수초

정월을 축하하는 꽃으로 알려져 있는 복수초는 미나리아재비과의 여러해살이풀이다. 눈이 채 녹지 않은 이른 봄, 습기 많은 산기슭이나 정원 한구석에서 2~3월에 노란 꽃을 피워 눈을 즐겁게 해주는 이 풀이 독초라는 사실은 그다지 널리 알려져 있지 않다. 독성분은 아도니톡신이라는 심장독으로, 먹으면 심장 마비를 일으킨다.

석산

가을의 들을 붉은 꽃으로 물들이는 석산은 수선화과의 여러해살이풀로, 전국 각지의 산야에 자생하고 있다. 땅속에 있는 비늘줄기와 지상부에 독성분 알칼로이드인 리코린을 함유하고 있어 먹으면 구토, 복통을 일으킨다. 많이 먹으면 호흡 곤란을 일으켜 사망하는 경우도 있다.

앉은부채

천남성과의 식물로서 독성이 강해 먹으면 입 안이 아리고 부르튼다. 초보자는 얼핏 나물로 혼동할 수 있다. 예전에는 사약을 제조하는 주재료가 되었다. 한방에서는 뿌리를 약으로 쓰지만 일반인들은 함부로 쓰면 안 된다. 과량 섭취하면 구토·두통·현훈·시각의 장애가 오고, 피부에 묻으면 염증이 유발된다.

애기똥풀

산과 들, 도심 빈터 등 장소를 가리지 않고 자생하는 양귀비과의 두해살이풀. 높이는 40~80cm. 깊이 패어 들어간 잎이 어긋나며 표면은 녹색이고 뒷면은 흰색이다. 초여름 ~여름에 노란 꽃(꽃잎은 4개)이 핀다. 줄기를 꺾으면 노란 유액이 나온다. 전초에 독성분인 켈리도닌이 함유되어 있어 먹으면 경련, 호흡 곤란을 일으킨다.

윤판나물

둥굴레(14쪽 참조)와 혼동하기 쉬운 독초다. 전국 산지에 자생하는 백합과의 여러해살이풀로, 어린순이 둥굴레와 흡사하다. 키는 30~60cm. 잎은 긴 타원형이며 5월경에 통 모양의 꽃이 아래를 향해 핀다. 어린순에 독성분이 있어 먹으면 구토를 일으킨다.

은방울꽃

꽃이 사랑스럽고 향기도 좋아 원예식물로 유명하다. 원예점에서 판매하고 있는 것의 대부분은 수입산이다. 자생종은 소형이고 꽃의 수도 적다. 전초 모두, 특히 뿌리줄기에 콘발라톡신이라는 심장독을 함유하고 있어 먹으면 심장 발작을 일으킨다.

족도리풀

쥐방울덩굴과의 여러해살이풀로, 혼슈, 시코쿠, 규슈 북부에 분포하고 있다. 산지의 습한 숲속에 자생하는 식물로, 그 뿌리 및 뿌리줄기를 말린 것은 세신(細辛)이라 불리며 마황부자세신탕, 소청룡탕 등의 한방약에 쓰이지만 지상부에는 아리스트로키아산이라는 유독 성분이 있어 신장 장애를 일으킬 수 있으므로 먹어서는 안 된다.

죽자초

양귀비과의 여러해살이풀로, 야산이나 평지의 볕이 잘 드는 곳에 자생한다. 1~2m 높이까지 자라며 깊이 패어 들어간 심장형의 큰 잎이 어긋나고 여름에 흰 꽃이 핀다. 줄기는 속이 비어 있고 꺾으면 주황색 유액이 나온다. 흰 가루가 덮여 있어 전체적으로 하얗게 보인다. 전초에 프로토핀이라는 강한 독성분을 함유하고 있어 먹으면 구토, 신경 마비를 일으킨다.

진범

미나리아재비과 여러해살이풀로, 물 빠짐이 좋은 반그늘 비옥한 곳에서 자란다. 줄기는 높이 30~80cm로서 곧게 또는 비스듬히 자라며 자줏빛이 돈다. 꽃은 연한 자주색으로 원줄기 끝과 윗부분의 잎겨드랑이에 달리는데 투구꽃과 비슷하다. 뿌리에 장한 독이 있다.

천남성

전초에 강한 유독물질이 함유되어 있으므로 주의해야 한다. 줄기를 살짝 맛본 사람이 입이 퉁퉁 부어서 오랫동안 고생했다고 한다. 천남성의 꽃은 코브라의 머리를 닮은 듯 생김새가 매우 독특하므로 이 꽃을 보고 구분하면 된다.

투구꽃

맹독을 가진 식물로 유명하다. 어린순일 때는 나물처럼 보여 혼동하기도 한다. 우리나라 속리산 이북, 일본 전역, 중국 동북부, 러시아에 분포한다. 투구꽃은 전체에 독성분이 있고 지하부에는 길이 3cm의 역삼각형의 덩이뿌리가 달리며 가을에는 그보다 작은 자근(子根, 부자)이 자란다. 키는 50cm~1m까지 자라며, 잎은 3~5갈래로 깊이 갈라진 손바닥 모양이다. 여름~가을에 줄기 끝에 로마 병사의 투구를 닮은 고깔 모양의 청자색 꽃이 핀다. 덩굴은 아닌데 비스듬히 자라 마치 덩굴식물처럼 보이기도 한다.

① 투구꽃. 꽃의 길이는 약 3cm
② 투구꽃의 어린순
③ 덩이뿌리는 오두라고 불린다.

관상용으로 심어 가꾸기도한다. 유독식물로서 뿌리에 강한 독이 있는데, 초오(草烏)라고 하며 약재로 쓴다. 독성분은 맹독성 알칼로이드로, 포기 전체, 특히 덩이뿌리에 많이 함유되어 있다. 먹으면 호흡 곤란, 심장 마비를 일으켜 사망한다. 덩이뿌리의 유무로 구분할 수 있으나, 채취 시기에는 각각의 꽃 모양을 확인하는 것이 제일이다.

제5장
약으로서의 산나물 들나물

생활 속에서
건강을 지켜 주는
맛있고 유용한
산야초

산나물·들나물의 의식동원(醫食同源)

다카노 아키토(高野昭人, 쇼와약과대학 약용식물원)

봄이 찾아왔음을 알리는 청나래고사리. 산나물은 예로부터 사람들 곁에서 함께 생활해 왔다.

한 산나물 전문가의 말에 따르면 먹을 수 있는 산나물은 350~360종에 달하며 그중 약 200종은 구황식물로, 흉작일 때 식량으로 활용되었다고 한다. 그 나머지 산나물 중에서 누구나 맛있다고 인정하는 것은 80~100종, 일반 슈퍼에서 시판되고 있는 산나물은 40~50종, 그중에서도 사람들에게 널리 알려져 있는 것은 20종 정도에 불과하다.

또한 그 지역의 식물 중 약 10%가 약초라고 한다. 약 900여 종의 약초가 존재하는 셈이다. 한편 현재 한방약의 원료로서 시장에서 유통되고 있는 생약은 약 500종이고 그중에서 활용도가 높은 것은 200~250종 정도이다. 그중에는 생강·참마·차조기·참깨·고추 등과 같이 우리가 흔히 음식물로 이용하고 있는 것도 다수 포함되어 있다.

약의 기원

최근 '의식동원(醫食同源)' 또는 '약식동원(藥食同源)', '약선(藥膳)'이라는 말을 자주 접하게 된다. 한방의학에는 약 2천 년의 역사가 있다고 하나, 인간은 이전부터 어떤 형태로든 천연의 물질을 약으로 이용해 왔음에 틀림없다. 약의 기원은 '그 식물을 음식물로서 먹고 어떤 반응이 신체에 일어난 것'이 계기였을 것이다. 이후 많은 경험을 쌓아 나가는 과정에서 점차 약으로서의 사용법이 확립되면서 어떤 것은 민간약으로 쓰이고, 또 어떤 것은 중국의 고대 사상에 기초한 한방의학(중국에서는 중국의학 또는 중의학이라고 한다.)이 성립하는 과정에서 그 이론을 바탕으로 이용되어 왔다.

'약선'은 원래 중국의학의 이론에 기초하여 여러 가지 생약(식물·동물·광물 등을 말리거나 그대로 이용함)을 요리에 첨가한 것을 말한다. 그 목적은 크게 '식료(食療)'와 '식양(食養)'의 2가지로 나눌 수 있다. '식료'는 질병 치료의 보조적인 의미가 강하고, '식양'은 건강 증진, 불로장생을 목적으로 하는

생강, 참깨 등과 같이 식재로서 친근한 양념에는 다양한 효능이 있다.

보건적인 의미가 강하며 일본에서는 후자의 의미에서의 약선이 보급되어 왔다.

한방의학에서는 생약의 특성을 오성〔伍性 : 열(熱)·온(溫)·평(平)·량(涼)·한(寒)〕과, 오미〔伍味 : 짠맛(鹹)·매운맛(辛)·단맛(甘)·신맛(酸)·쓴맛(苦)〕로 표현하며 각 생약은 반드시 성과 미를 갖고 있다고 여긴다. 그리고 그 균형을 중요시하여 생약과 음식물을 잘 조합하여 섭취함으로써 건강을 유지, 증진하고 노화를 지연시킬 수 있다고 본다. 따라서 약선에 있어 가장 중요한 것은 식재와 첨가하는 생약류의 성질과 맛의 균형이다.

우리는 메밀국수를 먹을 때 고추냉이와 파를 넣는다. 이 파와 고추냉이를 '약미(藥味)'라고 하는데, 도쿄도 약용식물원 원장이었던 고(故) 다나카 코지 선생은 '약미란 약을 맛본다는 의미이다.'라고 말씀한 바 있다. 이처럼 우리는 평소의 생활 속에서도 약초를 이용해 온 것이다. 또한 일상의 요리를 할 때 초무침에 설탕이나 꿀을 약간 넣어 강한 신맛을 완화하거나, 단맛이 지나치게 강하면 소금을 좀 첨가한다. 굳이 '약선'을 배우지 않아도 예로부터 경험에 따라 맛의 균형을 고려하여 양념을 사용해 온 것이다.

친근한 약초, 화제의 약초

우리가 자신도 모르는 사이 일상적으로 섭취하고 있는 유명한 약초가 있는데, 그것은 바로 감초이다. 이름 그대로 단맛을 갖고 있으며 한방약에 가장 범용되는 생약이다. 진경(鎭痙)·진통·소염·해독·진해·거담 등의 작용 외에 다른 배합 생약을 순하게 만드는 작용을 한다. 감초는 콩과 식물의 뿌리줄기와 뿌리로, 유럽에서도 오래 전부터 약으로 사용되었다. 이미 1세기(77년)에 디오스콜리데스가 저술한 《약물지》에 '리코리스'라는 이름으로 등장하고 있는데, 항염증약으로서 목의 통증을 완화하고, 가슴·간장·신장의 병에 효과가 있다고 기재되어 있다(주의＝석산과의 리코리스는 다른 식물). 그런데 감초는 간장의 교미료(矯味料)로 이용되고 있으며 그 소비량은 약용으로 쓰이는 것보다 훨씬 많다.

최근 서플리먼트(영양보충제)라 칭하는 상품이 시장에 넘쳐나고 있다. 외국에서 오래 전부터 민간약으로 이용되어 온 것도 있으나, 관련 정보가 적은 미지의 제품도 많다.

전술한 감초에 관해서는 수없이 많은 연구 결과가 보고되어 왔으며, 최근에는 서플리먼트 속에 배합되기도 하는 것 같다. 그러나 감초는 부작용으로 저칼륨혈증을 일으키는 것으로 알려져 있으므로 원래 저칼륨혈증인 사람, 알도스테론증인 사람, 미오패치가 있는 사람, 이뇨제를 복용하고 있는 사람, 생리 기능이 저하되어 있는 고령자 등이 사용할 때는 주의가 필요하다.

또한 요즘은 은행잎 성분이 들어 있는 서플리먼트도 흔히 볼 수 있다. 그러나 여러분은 은행나무의 열매인 은행이 강한 이취를 풍기는 것과 그 노란 과육에 함유되어 있는 액체가 피부염을 일으킨다는 사실을 알고 있을 것이다. 은행잎을 그대로 달여 복

율무차 ● 자양 강장에 좋다고 하여 널리 보급되어 있는 건강차. 쓴맛이 없어 마시기 편한 것도 장점이다. 전체의 모습과 열매가 같은 화본과의 염주와 흡사하지만, 염주는 여러해살이풀이고, 율무는 한해살이풀이다.

160

용하면 피부병을 일으키는 성분인 진콜산도 함께 마시는 셈이 된다. 실제로 은행잎 성분을 함유한 서플리먼트를 복용하여 복통·습진·설사 등의 부작용이 일어났다는 사례가 보고되고 있다. 따라서 은행잎을 직접 주워 모아 달여서 복용해선 절대로 안 된다. 독일과 프랑스에서는 은행잎에서 유해 성분을 제거한 의약품을 만들어 치매나 뇌혈관 장애로 인한 기억 장애, 인지 장애 등의 증상 개선과 진행 방지, 말초혈관 장애의 개선 등에 활용하고 있다고 한다. 이처럼 은행잎을 약으로 이용하려면 특별한 추출 기술이 필요하다.

산나물과 들나물 중에도 그 작용이 강력하게 나타나는 성분을 함유하고 있는 것들이 존재한다.

어쨌든 산나물과 들나물은 의식동원, 약식동원의 기반을 이루는 것으로, 한국과 일본에서는 고대부터 식문화로서 그 이용법이 전승되어 왔다. 앞으로도 선조의 지혜를 잘 활용하여 안전하게 그 독특한 풍미를 즐길 수 있도록 우리 모두가 노력해야 할 것이다.

산나물 요리하기

1. 밑손질

쓴맛의 강도는 종류에 따라 다르다. 비비추처럼 쓴맛이 거의 없는 산나물도 있고, 밀나물이나 죽순처럼 갓 땄을 때는 괜찮은데 시간이 지날수록 점점 특유의 맛이 강해지는 종류도 적지 않다. 또한 고사리나 고비와 같이 조리 전에 쓴맛을 빼지 않으면 이용할 수 없는 종류도 있다. 물론 오랜 기간의 개량으로 맛이 순화된 야채류에 비하면 천연의 산나물 쪽이 훨씬 개성 있는 맛을 자랑한다. 따라서 쓴맛을 지나치게 빼면 모처럼의 개성을 잃어버릴 수도 있다.

다양한 밑손질 작업

산나물은 가능하면 빨리 밑손질을 하는 것이 좋다. 검불이나 시든 잎 등을 제거하고 물에 씻어 흙을 없앤다. 그런 다음 불필요한 부분과 딱딱해서 먹을 수 없는 부분을 떼어낸다. 엉겅퀴·머위 등의 줄기 껍질 벗기기, 고비의 솜털 제거 등 종류에 따라 밑손질의 내용은 달라진다. 그날 안에 조리할 수 없는 경우는 물로 씻지 말고 신문지에 싸 둔다. 며칠 동안 보관해야 할 때는 물에 씻고 나서 비닐봉투나 랩으로 싸서 냉장고에 넣어 둔다.

쓴맛 빼기

● 쓴맛이 적은 것은 살짝 데치기만 한다

미나리·청나래 고사리·비비추 등은 소금을 약간 넣은 끓는 물에 살짝 데치는 정도로 한다. 특히 부드러운 얼레지 등은 끓는 물에 살짝 담갔다 빼는 정도로 충분하다. 너무 오래 데치면 향기와 식감이 사라지므로 주의한다.

●쓴맛이 약간 강한 것은 찬물로 헹군다

독활·오갈피나무·쑥·뱀밥 등 쓴맛이 약간 강한 것은 데쳐서 찬물에 몇 번 헹군다. 20분~2시간이 적당하며 도중에 몇 차례 쓴맛이 빠진 정도를 살펴보면서 풍미가 사라지지 않도록 주의한다.

저장한 산나물의 손질 방법

소금에 절인 죽순의 소금기 빼기

① 전년에 소금에 절여 놓은 죽순. 필요한 양을 꺼내어 이용한다.
② 냄비에 충분한 양의 물을 붓고 소금에 절인 죽순을 넣고 불에 올린다.
③ 끓으면 익어 버리기 전에 건져낸다. 1~2회 찬물에 헹구면서 남은 소금기를 확인한다.

말린 고비 불리기

① 물을 부은 냄비에 말린 고비를 넣는다.
② 불에 올린 뒤 물이 뜨거워질 때까지 가끔씩 손으로 가볍게 문지르며 풀어 준다. 뜨거워지면 물을 버리고 다시 찬물로 갈아 준다. 이 과정을 2~3회 반복한다. 마지막엔 그대로 끓인다.
③ 끓으면 불을 끄고 그대로 둔다. 쓴맛이 빠지면 2~3회 물을 갈아 준다.

고사리

① 고사리를 끓는 물에 넣고 1~2분 간 휘저으면서 데친다. 쓴맛이 강하므로 이것만으로는 쓴맛이 빠지지 않는다.

② 데친 고사리를 건져내어 큼직한 그릇에 펼쳐 놓는다. 고사리가 따듯할 때 작업한다.

③ 목욕물보다 약간 뜨거운 정도의 물을 바특하게 부은 뒤 고사리 양의 1/10 정도의 나뭇재를 골고루 뿌린다.

④ 뚜껑 위에 누름돌을 얹어 놓고 하룻밤 정도 그대로 둔 뒤 한 번 더 데쳐서 찬물에 헹군다.

2. 기본 요리

산나물은 일반적으로 어린순을 이용하는 경우가 많으므로 특유의 쓴맛이나 떫은맛은 있어도 질기지 않고 맛이 담백하다. 가능하면 단순하고 신속하게 조리해야 제맛을 살릴 수 있다.

● 산나물의 개성적인 맛

많은 사람의 입맛에 맞게 개량된 재배 채소와는 달리 산나물의 대부분은 야성의 맛을 유지하고 있다. 그렇더라도 눈살이 찌푸려질 만큼 쓴맛이 강하면 아무래도 먹기 어려우므로 적당히 맛을 순화시킬 필요가 있다. 단 쓴맛을 아예 없애 버리면 산나물의 특유의 맛이 사라지므로 주의한다.

가령 갓 채취한 독활은 재배한 두릅과 전혀 다른 종류로 여겨질 만큼 강한 향기와 신선한 풍미가 있다. 이러한 풍미야말로 야성적인 산의 맛이자 산나물의 매력이라 할 수 있다.

● 계절감을 맛본다

원래 재배하는 채소도 제철의 맛이라는 것이 있는데, 요즘엔 시설 재배의 보급으로 가지 · 오이 · 토마토 같은 여름 채소가 일년 내내 시판되어 계절감이 부족해지고, 그 결과 진정한 제철 음식에 대한 미각이 잊혀지는 것 같다.

그 반면에 대부분의 산나물은 새싹이 일제히 돋아나는 아주 짧은 기간밖에 맛볼 수 없다. 소중한 제철의 미각을 살려 준다는 데 산나물의 또 하나의 매력이 있는 것이다.

여러 가지 기본 요리

산나물의 매력을 살려 주는 조리법은 튀김 · 각종 무침 · 조림 · 볶음이 기본이다. 각자의 기호에 따르기도 하겠지만, 각 산나물이 지닌 맛에 잘 어울리는 조리법도 따로 있다.

● 향이 강한 산나물

독활 · 오갈피나무 · 두릅나무 등 두릅나무과의 산나물과, 쑥 · 쑥부쟁이 등 국화과의 산나물 등과 같이 향이 강한 종류는 튀김이나 깨소금무침 등의 지방분을 첨가한 요리에 어울린다. 두릅나무과의 산나물은 볶음 요리에도 적합하다.

역시 향이 강한 미나리과의 미나리 · 파드득나물 등의 산나물은 무침 · 국건더기로도 쓰이고, 튀김이나 깨소금무침에도 적합하다.

● 쓴맛이 나는 산나물

으름덩굴(어린순) · 오갈피나무 · 머위꽃줄기 · 민들레 등의 쓴맛은 튀김이나 볶음으로 만들면 거의 사라진다.

그러나 쌉싸래한 맛이 이들 산나물의 매력이기도 하므로 초무침·초절임·초된장무침 등으로 쓴맛을 완화하여 먹는 것이 산나물 요리의 정도일 것이다.

● 신맛이 나는 산나물

호장근·수영 등 마디풀과의 산나물과 쇠비름 등은 신맛을 갖고 있다. 이 신맛을 살려 초무침·초된장무침 등에 이용한다. 무침 등에도 적합하다.

● 점성이 있는 산나물

산나물에는 순채·왕원추리·둥굴레·비비추·쇠비름 등 특유의 점성을 갖고 있는 것이 적지 않다. 이러한 점성을 살리려면 초된장무침이나 겨자무침 등의 식초와 겨자를 이용한 요리가 제일이다.

튀김

신선한 산나물의 풍미를 즐기는 조리법 중 첫 번째로 꼽을 수 있는 것이 튀김이므로 어떻게 먹어야 할지 고민될 때는 그냥 튀기면 된다.

둥굴레·오갈피나무·독활·밀나물·미나리·털머위·어성초·죽순·솜방망이·머위꽃줄기·바위취·쑥부쟁이·쑥 등 갓 채취한 산나물의 신선한 향과 풍미를 즐기자.

튀김 만들기

산나물을 물에 씻은 뒤 젖은 면포로 물기를 닦아 낸다. 밀가루로 튀김옷을 만들 때는 박력분 250g에 물 350ml를 넣어 섞는 것이 표준량이다. 이때 찬물을 사용하면 바삭해진다.

바위취 등 작고 얇은 잎을 튀기는 경우는 잎의 뒷면에만 소량의 튀김옷을 묻혀 재빨리 튀겨야 하므로 튀김옷을 묽게 만든다. 동백꽃이나 국화 등의 꽃을 튀기는 경우도 마찬가지로 묽은 튀김옷에 색감을 살리기 위해 식초를 몇 방울 떨어뜨린다.

이에 비해 죽순 등은 열이 전달되는 데 시간이 좀 걸리므로 튀김옷을 걸쭉하게 만든다.

밀나물 튀김

머위꽃줄기 튀김

쑥 튀김

① 죽순의 경우. 먼저 껍질을 벗기고 단단한 밑동 부분을 제거한다.

② 찬물을 넣어 걸쭉하게 만든 튀김옷을 입혀 튀긴다. 기름의 온도는 170도 정도가 적당하다.

③ 튀김옷이 노릇해지고 죽순이 잘 익은 것 같으면 기름에서 건진다. 너무 오래 튀기지 않도록 주의한다.

① 연한 잎의 경우에는 묽은 튀김옷을 잎의 뒷면에만 묻혀 튀긴다. 짧은 시간에 신속히 건져내는 것이 노하우.

② 쑥(오른쪽 아래)이나 머위의 어린 꽃줄기(왼쪽 위)는 한 장의 잎보다는 시간이 더 걸리지만 죽순만큼은 아니므로 튀김옷의 묽기도 중간 정도로 한다.

③ 각종 산나물 튀김(머위꽃줄기·죽순·쑥 등). 저마다 개성 있는 풍미를 즐길 수 있다.

무침

가장 일반적이고 중심적인 산나물의 조리법이다. 자칫 단조로워질 수 있는 소박한 맛에 깨소금·겨자·초된장·두부 등을 함께 무쳐 변화를 준다. 결과적으로 산나물에 부족한 영양분이 추가되므로 우리 몸을 위해서도 이상적인 조리법이라 할 수 있다.

● 깨소금무침

식초를 넣은 깨소금초무침·깨소금된장무침이 일반적이다. 특히 깨소금된장무침은 대부분의 산나물에 응용할 수 있는 만능 조리법. 흰된장과 흰깨소금을 사용하면 더욱 보기 좋다. 다시마, 멸치 등을 우린 국물과 설탕을 소량 넣는다. 독활·엉경퀴·번행초·청나래고사리·밀나물 등에 특히 잘 어울린다.

● 겨자무침

상큼하게 매운맛이 식욕을 자극한다. 가루로 된 겨자는 물에 녹이고 겨자씨는 깨소금 정도의 크기로 갈아서 이용한다. 간장과 우린 국물을 넣어 산나물을 무치는 겨자간장무침과 식초와 된장을 1:2 비율로 넣어 무치는 겨자초된장무침이 있다. 겨자의 양은 취향에 따라 조절한다. 겨자 대신 고추냉이를 사용해도 신선한 미각을 즐길 수 있다. 독활·쇠비름·뱀밥·닭의장풀·왕원추리·비비추·청나래고사리 등에 특히 잘 어울린다.

● 초된장무침

식초 1, 된장 2, 설탕 소량의 비율로 무친다. 식초를 너무 적게 넣으면 맛이 살지 않는다. 산파·달래·엉경퀴·오갈피나무·독활·비비추·청나래고사리·왕원추리·잔대·어성초 등에 폭넓게 이용할 수 있다.

• 두부무침

두부를 면포에 싸서 물기를 짠 다음 절구에 넣고 으깬다. 여기에 소량의 소금과 설탕, 우린 국물로 맛을 내어 산나물을 넣고 버무린다. 취향에 따라 깨소금을 추가한다. 개비름·큰조롱·밀나물·미나리·고비·고사리 등에 적합하다.

• 호두무침

호두를 큼직하게 썰고 술·식초·된장·설탕을 넣고 버무린다. 호두껍질을 벗기는 것은 번거로운 작업이므로 처음부터 껍질을 벗겨 놓은 호두를 이용한다. 청나래고사리·달래·솜방망이·고사리 등에 적합하다.

• 마요네즈무침

서양식 조리법으로 젊은 사람의 입맛에 더 잘 맞긴 하지만, 산나물을 간편하게 즐기는 방법으로 괜찮다. 신선초·오갈피나무·삽주·밀나물·번행초 등에 꼭 시도해 보기 바란다. 이 밖에 무즙과 함께 무치는 조리법도 있다.

비비추 초된장무침

① 비비추의 연한 순을 끓는물에 데쳐서 찬물에 2~3회 헹구어 물기를 짠다.
② 비비추를 먹기 좋은 길이로 자른다.
③ 된장과 식초의 비율을 2 : 1로 하고, 여기에 설탕을 약간 넣어 섞어 초된장을 만든다.
④ 비비추를 접시에 담고 그 위에 초된장을 올린다.

① 잎이 약간 열려 있는 끝부분을 잘라낸다. 잘라낸 부분은 튀김 등에 이용한다.

② 껍질을 벗기기 전에 위에서 아래로 잡아당기면서 겉껍질을 벗긴다.

③ 전체적으로 밑동 쪽부터 칼을 이용하여 껍질을 벗긴다. 벗겨낸 껍질도 볶음으로 이용할 수 있다.

④ 껍질을 다 벗겼으면 2~3cm 길이로 자른다. 취향에 따라 사선으로 잘라도 된다.

⑤ 색이 선명해지도록 소금을 넣은 물에 데친다. 이때 젓가락으로 가볍게 휘젓는다.

⑥ 다 데쳤으면 건져내어 찬물에 헹군다. 물에 너무 오래 담그면 쌉싸래한 맛이 다 사라지므로 주의한다.

⑦ 버무릴 양념을 만든다. 먼저 깨를 볶아 절구에 빻는다. 검은깨든 흰깨든 상관없다.

⑧ 빻은 깨에 체에 거른 된장과 설탕, 맛술을 넣어 맛을 낸다. 분량은 취향에 맞게 조절한다.

⑨ 손으로 잘 섞는다. 맛술의 양이 너무 많으면 질어지므로 주의한다.

⑩ 독활을 넣고 버무린다. 수분이 생기므로 먹기 직전에 무치는 것이 좋다.

⑪ 완성. 독활의 깨소금된장무침은 수많은 산나물 요리 중에서도 가장 맛좋은 요리 가운데 하나이다.

조림

산나물 조림은 된장이나 간장으로 맛을 내는데, 두 가지 방법 모두 산나물의 풍미를 최대한 살리기 위해 국물을 많이 넣어 싱겁게 만드는 것이 기본이다. 국물의 맛이 배어들 때까지 불을 줄여 뭉근히 끓인다.

국물을 적게 넣고 진하게 조리는 경우에도 바짝 조리지는 말아야 한다.

명아주·둥굴레·비비추·얼레지·고비·머위·죽순 등은 조림에 적합한 산나물이다.

엉겅퀴 뿌리·미나리 뿌리·파드득나물 뿌리 등은 바짝 조린다.

말린 고비 & 말린 청어 조림(간장맛)

① 충분한 양의 끓는 물에 미리 불려 놓은 청어를 넣고 적당히 부드러워질 때까지 조린다.
② 청어가 조려지면 불린 고비, 데친 죽순, 당근을 넣은 뒤 설탕·간장·맛술로 간을 한다.
③ 설탕 1에 간장 2~3의 비율이 표준량. 맛이 배어들 때까지 바짝 조린다.
④ 완성. 구수한 맛이 일품이다.

① 머위는 잎을 떼고 겉껍질을 벗긴 뒤 2~3cm 길이로 자른다.

② 머위줄기를 끓는 물에 넣고 푹 익히지 않도록 주의하면서 살짝 데친 뒤 찬물에 반 나절 정도 담그어 둔다.

③ 냄비에 머위줄기를 넣고 맛술을 넣어 끓인다.

④ 된장을 체로 걸러 넣는다. 너무 진해지지 않도록 맛을 보면서 양을 조절한다.

⑤ 조금 더 끓이고 불을 끈다. 오래 끓이면 된장의 풍미가 사라진다.

⑥ 조림(된장맛) 완성. 국물을 듬뿍 끼얹어 상에 올린다.

건강차

우리 주위에서 볼 수 있는 식물에는 약용 성분을 함유하고 있는 것이 많다. 여기서는 이러한 친근한 식물을 '건강차'로 이용하는 방법을 소개한다.

● 달이는 방법과 마시는 방법

찻주전자에 끓는 물을 넣고 보통 차처럼 이용할 수도 있지만, 건강차는 역시 달여서 복용하는 것이 제일이다. 단 시판되는 건강차는 열을 가하여 볶은 것이므로 장시간 달일 필요는 없다. 건강차 3큰술을 1.5리터의 끓는 물에 넣고 약불로 10~20분 달이면 충분하다.

취향에 따라 각종 건강차를 혼합하여 즐길 수도 있다. 달인 차는 뜨거울 때 마셔도 되지만, 냉장고에서 차게 식히면 더욱 쉽게 마실 수 있다. 단 사람에 따라 체질에 맞지 않을 수도 있으므로 주의한다. 2~3일 시도해 봐서 몸 상태가 나빠지는 것 같으면 중지하는 것이 좋다.

쇠뜨기차
여름에 무성하게 자란 지상부를 채취하여 물에 씻은 뒤 볕에 말린 것을 이용한다. 진해 작용이 있는 사포닌의 일종인 엑세토닌을 함유하고 있으며 이뇨 효과도 알려져 있다.

감잎차
여름에 잎을 채취하여 물에 씻은 뒤 볕에 말려
이용한다. 잎에 비타민C가 풍부하게 함유되어
있어 평소에 차로 음용하면 좋다.

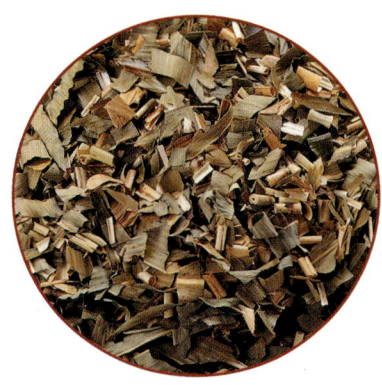

조릿대차
잎에 살균·방부 작용을 하는 성분이 함유되
어 있다. 건강차로는 식욕증진·강장·지사
등의 폭넓은 효과가 알려져 있다.

어성초차
건강차 중에서도 가장 대중적이다. 꽃이 필
때 채취하여 볕에 말린 것을 달여 복용한다.
변통·이뇨·고혈압 예방·미용 등의 목적으
로 음용한다.

구기자차
잎을 볕에 말린 것도 건강차로 유명하지만, 붉게 익은 열
매를 말린 것을 구기자라고 하며 저혈압증·눈의 피로·
강장 등에 효과가 있다.

쑥차
잎에 정유인 시네올과 세스키테르펜 등이 들
어 있어 예로부터 건위·보혈 효과가 있는
것으로 알려져 있다. 6~7월에 채취한 잎
을 그늘에서 말려 이용한다.

비파차

비파의 잎에는 타닌 · 아미그달린 등이 함유되어 있어 건위 · 지사 · 소염 약으로 이용되어 왔다. 일본 에도시대에는 더위를 먹지 않도록 여름에 음용했다.

강황차

뿌리줄기의 노란 색소는 커큐민으로, 담즙의 분비를 촉진하는 작용이 있어 예로부터 간장약으로 이용되어 왔다. 생약명은 울금.

뽕잎차

뽕잎을 볕에 말린 것으로 생약명을 상엽이라고 하여 중국에서는 예로부터 보혈, 강장약으로 이용되어 왔다. 잎 채취 시기는 6월경이 적기.

율무차

율무는 화본과의 한해살이풀. 가을에 수확한 열매를 볕에 말려 볶은 다음 달여 마시면 자양강장에 도움이 된다고 하는 맛있는 건강차.

홍화차

이꽃은 이집트가 원산지인 국화과의 한해살이풀로, 오래 전에 중국을 경유하여 들어왔다. 꽃잎을 말린 것이 생약인 홍화로, 혈행을 좋게 하며 냉병, 갱년기장애 등에 효과가 있다고 한다.

결명자차

결명자는 눈을 맑게 하며, 변통에 좋다.

약용주

들나물이나 수목 중에는 여러 가지 약효 성분이 함유되어 있는 것이 있는데, 한방약은 이러한 몸에 좋은 성분을 효과적으로 이용하고 있다. 줄기·잎·뿌리줄기·열매 등을 말려서 보관하며, 필요에 따라 다른 생약과 배합한 뒤 달여 복용하거나 환부에 바르거나 입 안을 헹군다.

한편 여기서 소개하는 약용주는 날것으로 먹을 수 없는 열매, 줄기와 잎 또는 딱딱해서 먹기 힘든 뿌리줄기 등을 알코올 도수가 높은 소주에 담가 약용 성분을 추출한 것으로, 건강에 도움이 되는 술이다.

취침 전에 2잔 정도의 소량을 매일 천천히 마신다. 여기서 소개하는 제조법에는 당분이 적게 첨가되어 있으므로 마시기 힘들면 설탕이나 꿀을 타도 된다.

제조 시의 주의점에 관해서는 182쪽에도 게재해 놓았으므로 참조하기 바란다.

이질풀주
8~9월에 채취하여 물에 씻은 뒤 볕에 말린 것 200g, 그래뉴당 100g을 소주 1.8리터에 약 10개월 간 담근다. 설사를 멎게 한다.

귀룽나무주
4~5월에 꽃봉오리를 20개 정도 채취하여 물에 씻어 물기를 빼고 소주 1.8리터에 그래뉴당 100g을 넣고 함께 담근다. 가을에 꽃을 꺼낸 뒤 검게 여문 열매를 채취해 와서 500g 정도 넣고 냉암소에 1년 간 둔다. 이렇게 하면 향이 좋아져 쉽게 마실 수 있다. 취침 전에 1~2잔 마시면 피로 회복·기침 완화에 효과적이다.

서향주
이른 봄에 피는 향기가 좋은 꽃을 따서 물로 씻고 물기를 뺀다. 꽃 80~100g을 그래뉴당 2~3큰술과 함께 소주 1.8리터에 담근다. 1년 간 두었다가 식전주로 마시면 소염·진통 작용을 한다.

으름덩굴주

잘 여문 열매의 껍질 300g, 덩굴 500g, 설탕 100g을 소주 1.8리터에 담가 열매 껍질은 10개월, 덩굴 은 1년 뒤에 꺼낸다. 면포로 걸러내어 다 른 병에 보관한다. 이 뇨·부종 제거에 하루 1~2잔을 마신다.

신선초주

다 자란 줄기와 잎을 볕에 말 린 것 150g과 열매 50g, 그 래뉴당 50g을 35도의 소주 1.8리터에 담가 냉암소에 둔 다. 줄기와 잎은 10개월, 열 매는 1년 뒤에 건져내고 마시 기 시작한다. 취침 전에 1~2 잔을 마시면 피로 회복·강 장·건위 정장에 도움이 된다.

달래주

비늘줄기를 채취하여 물에 씻은 뒤 하루 동 안 말린 것 600g, 껍 질을 벗긴 레몬 2개, 그래뉴당 100g을 소 주 1.8리터에 담근 다. 레몬은 2개월 뒤, 달래는 1년 뒤에 꺼낸 다. 감기 초기, 냉병에 1~2잔을 취침 전에 마신다.

민들레주

뿌리는 꽃이 피기 전에 채취한 것을 물에 씻어 1주일 정도 말 리고 꽃은 물에 씻어 물기를 뺀 다. 뿌리 150g과 꽃 200g, 그래뉴당 100g을 소주 1.8리 터에 담가 10개월 뒤에 뿌리와 꽃을 건져낸 다음 1년 간 더 두 었다가 마신다. 독특한 떫은맛 때문에 마시기 힘들면 매실주 등과 섞어 칵테일을 만든다. 아침저녁으로 1~2잔 마시면 건위에 도움이 된다.

더덕주

초롱꽃과의 여러해살이풀. 뿌리를 채취하여 물에 씻어서 5~7일 말린 것 350g과 그래뉴당 100g을 소 주 1.8리터에 담가 1년간 냉암소 에 둔다. 강장·건위·피로 회복에 하루 1~2잔을 마신다.

쑥주

쑥 특유의 향이 나는 건강주. 봄에 잎을 따서 물에 씻고 그늘에 말린 것 200g과 그래뉴당 50g을 소주 1.8리터에 담근다. 6개월 뒤에 쑥 을 꺼내고 그대로 1년 간 두었다가 마시기 시작한다. 취침 전에 1~2 잔을 마시면 피로 회복에 도움이 된 다.

오가피주

말린 오갈피나무의 뿌리껍질은 오 가피라는 생약명으로 한약방에서 시판되고 있다. 오가피 100g, 벌 꿀 1컵을 소주 1.8리터에 담가 보 름 정도 뒤에 마시기 시작한다. 오 가피는 1년 뒤에 건져낸다. 하루에 1~2잔을 계속 마시면 냉병·불면 증·자양 강장에 도움이 된다.

개다래주

개다래나무의 열매 700g(벌레혹이 있는 개다래나무의 경우는 100g)과 벌꿀 1/2컵을 소주 1.8리터에 담가 냉암소에 보관하고 1년 뒤 개다래를 꺼낸다. 하루 1~2잔을 마시면 혈액 순환을 도와 숙면을 취할 수 있다.

구기자주

가을에 채취한 붉게 익은 열매 800g(말린 열매는 500g)과 벌꿀 1컵을 소주 1.8리터에 담가 1년 간 냉암소에 둔다. 강장 · 피로 회복 · 불면증에 하루 1~2잔을 마신다.

둥굴레주

가을에 땅속줄기를 캐내어 물에 씻은 뒤 볕에 말린다(말린 뿌리줄기는 한약방에서도 입수할 수 있다). 뿌리줄기 300g과 그래뉴당 100g을 소주 1.8리터에 담그고 1년 뒤에 술을 걸러 다른 병에 옮겨 담는다. 이 약주는 강장에 효과가 있으므로 과음하지 않도록 주의한다. 취침 전 1~2잔이 적당하다.

도라지주

가을에 뿌리를 캐어 물에 씻은 뒤 4~5일 볕에 말린 것 300~500g을 그래뉴당 100g과 함께 소주 1.8리터에 담가 1년 정도 둔다. 강장 · 거담 · 진해 등에 도움이 되지만, 과음하지 않도록 주의한다.

어성초주

6~7월에 꽃이 피었을 때 지상부를 잘라내어 물에 씻은 뒤 말린 것 200g과 껍질을 벗긴 레몬 3개를 소주 1.8리터에 담근다. 레몬은 3개월 뒤, 어성초는 10개월 뒤에 건져낸다. 이뇨 · 혈관 강화 · 완하(緩下)에 매일 밤 취침 전에 2잔을 마신다.

약초의 이용법

선조들은 다양한 경험을 통하여 주변의 식물과 동물 및 광물을 약으로 이용해 왔다. 한의학의 이론에 바탕을 둔 한방약의 경우는 한의사의 처방을 받거나 상담할 필요가 있다. 민간약은 경험을 통해 축적된 생활의 지혜로서 오래 전부터 전해 내려오는 것이기 때문에 전문가의 진단까지는 필요하지 않지만, 지나치게 많이 복용하지 않도록 주의해야 한다.

약초의 채취와 보관법

약초는 언제든지 채취할 수 있는 것이 아니라 유효 성분이 가장 많을 때가 채취의 적기라고 할 수 있다. 채취 시기에 관해서는 각 항에서도 언급했으므로 참조하기 바란다.

채취한 약초는 날것을 짓이겨 환부에 붙이거나 녹즙을 만드는 경우를 제외하고 대부분 완전히 말려서 보관했다가 필요할 때 사용한다.

가장 먼저 할 일은 약초를 물에 씻어 검불과 먼지 등을 제거하는 것이다. 그리고 나서 대부분의 경우 통풍이 잘되는 양지에 말리는데, 뿌리·굵은 줄기·두꺼운 잎 등은 썰어서 말린다.

사프란의 암꽃술, 치자나무의 열매, 허브류 등 향기나 색을 이용하는 것은 그늘에서 말린다.

약초 달이는 법, 입욕제 만드는 법

민간약은 시판되고 있는 약이나 한방약과 같이 한정적으로 정확히 효력을 발휘하는 것이 아니라 극히 가벼운 증상의 개선 또는 예방에 그 목적이 있다. 특정한 질병의 경우는 조기에 전문가와 상담하여 한방약을 처방 받거나 병원에서 진찰을 받는 것이 바람직하다.

이상의 유의 사항을 전제로 하고, 민간약의 올바른 이용법을 소개하겠다.

● 달여서 이용하는 경우

민간약의 가장 일반적인 이용법이다. 필요한 기구는 법랑 냄비, 도자기로 된 병과 냄비, 내열 유리로 된 주전자와 냄비 등이다. 철제 기구는 생약 속에 함유된 타닌이 철분에 반응하여 효과가 감소하므로 적합하지 않다.

본지에서는 물의 소정량을 컵으로 표기했는데, 3컵은 $500 \sim 600\,ml$, 2컵은 $350 \sim 400\,ml$를 가리킨다. 용기에 각 항에서 명기한 생약을 넣고 물을 붓는데, 이때 생약은 성분이 잘 추출될 수 있도록 잘게 썬 다음 뭉근한 불로 반량이 될 때까지 달인다. 하루 마실 분량을 만드는 것을 원칙으로 삼았다.

다 달였으면 차를 거르는 쇠조리를 이용하여 찌꺼기를 제거하고 취침 전이나 식간 등에 나눠 복용한다. 마시기 힘든 경우는 물을 넣어 희석하거나 벌꿀 등을 첨가해도 된다.

● 입욕제로 이용하는 경우

약용 성분이 배어 나오기 쉽도록 잘게 썰어 면포에 넣고 입구를 묶는다. 낡은 스타킹을 면포 대신 사용하면 편리하다.

약초 달이기

잘게 썰어 하루에 마실 양을 잰다.

소정량의 물과 잘게 썬 약초를 넣고 반이 될 때까지 뭉근한 불로 달인다.

약초 찌꺼기를 걸러내고 달인 물을 복용한다.

약용주 만드는 법

약초를 이용하는 방법 가운데 하나로, 알코올 도수가 강한 술에 담가 유효 성분을 추출하는 약용주가 있다. 규모가 큰 한약방 등에서 말린 것이 생약으로 시판되고 있으므로 직접 채취하지 않아도 손쉽게 만들 수 있다.

재료와 만드는 방법, 마시는 방법

약용주에는 약초의 뿌리, 줄기와 잎, 열매 등 여러 부위가 이용된다. 제철 약초를 날것으로 쓰는 경우는 물로 씻은 뒤 물기를 완전히 빼고 나서 담근다. 반건조 또는 건조한 것은 그대로 담그는데, 아무래도 꺼림칙하면 물에 씻어서 물기를 잘 닦아낸다. 수분이 남아 있으면 술이 탁해질 수 있으므로 주의해야 한다. 굵은 뿌리나 줄기, 두꺼운 잎은 약용 성분이 쉽게 빠져나올 수 있도록 잘게 썬다.

술은 유효 성분이 잘 추출될 수 있도록 알코올 도수 35 이상의 것을 사용한다. 소주 말고 보드카·브랜디·위스키·럼주 등도 사용할 수 있다.

설탕은 정제가 잘 되어 있는 그래뉴당이나 벌꿀을 쓴다. 이 밖에 과당이나 결정당도 괜찮지만, 여하튼 보기 좋은 술을 만드는 비결은 설탕을 적게 넣는 것이다. 단맛을 내고 싶으면 마실 때 벌꿀 등을 첨가하면 된다.

약초에 신맛이 없는 것은 레몬 껍질을 벗겨 둥글게 썬 것을 함께 넣으면 맛이 좋아진다.

용기는 투명하고 입이 넓은 병이 사용하기 편리하다. 깨끗이 씻어 잘 말려서 사용한다. 술 담그기가 끝나면 완전히 밀봉한 뒤 약용주의 이름과 담근 날짜를 기입한 라벨을 붙여 냉암소에 보관한다.

약용주는 과음해서는 안 된다. 1~2잔을 식전이나 식후, 취침 전에 매일 마시는 습관을 들인다.

산나물 채취 시의 기초 지식

산행할 때의 복장과 도구

피부를 드러내지 않는 복장에 칼과 바구니를 준비한다

산나물을 채취할 무렵이 되면 새순이 돋아 산자락을 복숭아빛, 연한자줏빛, 연황녹색 등으로 물들이며 그때까지 눈에 덮여 있던 산을 깊은 잠에서 깨운다. 마치 산이 봄의 도래를 두 팔 벌려 환영하는 것처럼 보인다. 산을 둘러싸고 있는 공기는 아직 겨울의 엄혹함이 일부 남아 긴장감이 감돌고 있지만, 어딘가 봄의 부드러움을 머금어 청명하다. 눈이 녹아 흘러 들어간 계곡물도 새싹이 나기 시작한 대지를 적셔 살지게 한다.

봄 산의 아름다운 자연을 감상하면서 산나물이나 들나물을 채취하는 각별한 즐거움은 자연과 하나가 되어 대지의 은혜를 나누는 일이기도 하다.

● 복장

산에 들어갈 때는 될수록 피부를 노출시키지 않는 복장을 한다. 모기와 여러 가지 곤충, 가시가 있는 식물로부터 몸을 지키기 위해 긴 바지와 긴소매 셔츠를 입는다. 아침저녁은 꽤 쌀쌀하므로 작게 접을 수 있는 조끼가 있으면 편리하다. 강한 햇빛을 차단하는 모자와 장갑도 필수품이다.

● 신발

진창을 건널 때도 있으므로 젖어도 상관없는 등산화를 준비한다. 아침 이슬에 젖은 초원 등을 걸을 때는 바지 자락이 젖지 않도록 짧은 각반을 착용하는 것이 좋다. 걷기는 좀 불편할지 모르지만, 젖을 염려가 없는 고무장화도 추천한다.

● 필요한 도구

산나물을 채취할 때는 칼이 필요하다. 흙을 파서 뿌리를 채취할 때는 흙손도 필수품이다. 또한 채취한 것이 섞이지 않도록 비닐봉지 몇 장과 고사리 등을 묶을 수 있는 고무줄도 가져간다. 종류별로 나눠 담은 산나물을 넣기 위한 큼직한 용기도 필요하다. 단, 손으로 드는 형태보다는 등에 메거나 허리에 묶을 수 있는 '바구니'가 편리하다. 산에 들어갈 때는 산짐승에 대한 대비도 빼놓을 수 없다. 사람의 존재를 알리기 위해 소리가 나는 휴대용 라디오나 방울을 허리에 달고 만일을 위해 날카로운 소리가 나는 호루라기를 지참한다.

1/5만 지도, 컴퍼스, 공책, 필기구도 가져가자. 자신이 걸은 길을 지도에 기입하고 산나물의 채취 장소를 표시해 두면 다음해에 올 때도 도움이 된다. 벌레 물린 데 바르는 약도 필요하다.

● 있으면 편리한 도구

덤불을 헤치고 나아갈 때 손도끼가 있으면 편리하다. 또한 지팡이로 대용할 수 있는 긴 자루가 달린 작은 낫(커버가 씌워져 있는 것)이나 피켈이 있으면 요긴하게 쓸 수 있다.

안전한 산행을 위하여

봄 산에서는 쓰러진 나무에 각별히 주의하고 길을 잃지 않도록 조심한다

맛있는 봄나물을 따러 산에 갈 때는 곳곳에 잔설이 남아 있기 때문에 봄 산 특유의 위험성이 따른다.

처음으로 산나물을 채취하러 깊은 산에 들어갔을 때 산길을 가로막고 있는 쓰러진 나무를 조심하라는 경험자의 주의를 들었다. 줄기의 직경이 족히 10~15cm는 되는 나무가 눈의 무게를 못 이기고 쓰러져 길을 가로막고 있었는데, 땅에 맞닿은 수관 부분은 아직 얄팍한 눈으로 덮여 있었다. 이런 나무는 눈이 녹으면 튀어 오르듯이 다시 일어서기 때문에 절대로 넘어가지 말고 돌아가야 한다. 나무를 넘어가고 있는 도중에 어떤 진동을 받아 나무가 튀어 오르기라도 한다면…… 상상만 해도 끔찍하다.

처음 가는 산은 될수록 그룹으로 가는 편이 안전하다. 또 그룹으로 움직이더라도 산나물을 채취하는 데 정신이 팔려 언덕을 몇 개 넘다 보면 돌아가는 길을 잃어버릴 수도 있다. 이런 경우에 대비하여 빨강·노랑 등의 눈에 띄는 색테이프를 가져가 깊은 산에 들어갈 때는 일정 거리를 두고 나뭇가지에 테이프를 붙여 표시해 둔다.

또한 산나물을 채취하다가 서로 떨어지게 될 수도 있으므로 호루라기나 휴대용 라디오 등 소리 나는 기구를 이용하여 서로의 위치를 알 수 있도록 한다.

채취 도중에 날씨가 급변하는 경우도 있다. 구름의 움직임이 비가 올 것 같으면 무리하지 말고 하산한다.

천둥소리가 가까워지면 산등성이나 평지를 피하여 지형이 움푹하게 팬 곳으로 피신한다. 높은 곳이나 키 큰 나무 밑은 위험하다.

산나물을 채취할 때의 매너

채취한 산나물은 집에 갖고 돌아가서 먹는 것이 매너

산나물이 건강식으로 인기를 끌면서 봄이 되면 근방 주민들만 출입하던 산지에 도회지 사람들이 몰려들고 있다. 그런데 이들은 악의가 없음에도 산나물 채취의 매너가 몸에 배어 있지 않아 종종 그 고장 주민들의 반감을 살 만한 행동을 저지른다. 산나물을 채취하는 주민들은 길가에 버려진 산나물을 볼 때가 가장 기분이 나쁘다고 한다. 자동차를 타고 도시에서 찾아와 산나물을 따러 다니는데 수확량이 적으면 귀가길에 차창 밖으로 휙 던져 버린다는 것이다. 이처럼 매너가 없는 사람을 볼 때면 주민으로서 당연히 화가 치밀 것이다.

산나물은 자연이 인간에게 베풀어 주는 은혜다. '채취한 산나물은 반드시 가지고 돌아가서 조리해 먹는다.' 이것은 산나물 채취에 있어 꼭 지켜야 할 최소한의 매너다.

또한 대부분의 산나물은 채취 뒤 시간이 갈수록 쓴맛과 떫은맛 등이 강해진다. 따라서 채취한 당일에 쓴맛 우리기 등의 밑손질을 하기가 어렵거나 시간이 없을 때는 냉장고 등에 보관한다. 어쨌든 가능한 한 빨리 처리하는 것이 산나물을 맛있

게 먹는 비결이다. 그러므로 산나물을 채취하는 곳은 당일치기가 가능한 범위이거나 좀 멀다고 해도 지인의 집에서 밑손질이라도 가능한 장소를 선택하는 것이 좋다. 채취할 때는 다음해를 고려하여 일부분을 남겨 두는 지혜도 필요하다.

이 책에서는 각 산나물·들나물의 채취항에서 자연 보호의 관점에서 채취 방법을 설명해 놓았으므로 꼭 참조하기 바란다.

보관 방법

많이 채취했을 때는 함부로 버리지 말고 올바른 방법으로 보관한다. 잘 보관했다가 산행의 기억을 떠올리며 꺼내서 맛을 보는 것도 산나물 채취의 즐거움 가운데 하나다.

소금에 절여 보관하는 방법

염분의 삼투압 작용을 이용하여 수분을 제거하고 부패를 방지하는 방법으로, 대부분의 산나물에 이용할 수 있는 편리한 저장법이다.

가능하면 채취한 날 작업하는 것이 바람직하며, 늦어도 다음날에는 처리해야 한다. 작업이 늦어질수록 잘라낸 단면이 단단해져 먹을 수 있는 부분이 적어진다.

청나래고사리·호장근·독활 등은 날것을 절이고, 머위·죽순 등과 같이 줄기가 단단하거나 두꺼운 것은 한번 데쳐서 절인다.

죽순을 소금에 절여 보관하기(소량의 경우)

  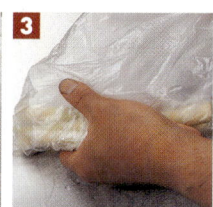 

① 껍질을 벗긴 죽순을 소금을 넣고 끓인 물에 데쳐 건져내어 찬물에 담근다.
② 찬물에서 건져낸 죽순을 비닐봉지에 넣고 소금을 넉넉히 뿌린다.
③ 비닐봉지 안에서 잘 섞어 소금이 균일하게 스며들게 한다.
④ 비닐봉지째 보관 용기에 넣고 누름돌을 얹어 보관한다. 조리 시 손질 방법은 163쪽 참조.

소금을 넉넉하게 뿌리는 것이 노하우

장기 보관을 위해 소금에 절이는 것은 반찬 중 하나인 '채소 절임'을 만드는 방법과는 전혀 다르다.

산나물에 대한 소금의 양은 삼투압 작용으로 포화 상태가 되게 하는 것이 가장 좋다. 포화 상태가 되면 아무리 소금이 많아도 더 이상 산나물에 침투하지 않기 때문이다. 따라서 과포화가 되도록 다량의 소금으로 절이는 것이 실패하지 않는 비결이다.

나무통이나 입구가 넓은 플라스틱 용기를 사용한다. 용기의 바닥에 적량의 소금을 깔고 산나물을 펴서 겹치지 않게 넣은 뒤, 그 위에 눈이 좀 온 것처럼 소금을 골고루 뿌린다. 이 과정을 반복하다가 맨 위에는 넉넉하게 소금을 뿌린다.

그런 다음 뚜껑을 덮고 누름돌을 얹는다. 며칠 지나서 물이 올라오면 누름돌을 내용물이 떠오르지 않을 정도의 가벼운 돌로 바꿔 놓는다.